建设工程精品范例集 2021

张宁宁　主编

中国建筑工业出版社

图书在版编目（CIP）数据

建设工程精品范例集. 2021/张宁宁主编. —北京：
中国建筑工业出版社，2022.12
ISBN 978-7-112-28164-0

Ⅰ.①建…　Ⅱ.①张…　Ⅲ.①建筑工程—工程施工—
案例—中国— 2021　Ⅳ.① TU7

中国版本图书馆CIP数据核字（2022）第215405号

本书详细介绍了江苏省2020年度荣获"鲁班奖""国家优质工程奖"以及部分
"华东地区优质工程奖""扬子杯"工程的企业创建精品工程的过程，共24个工
程。对工程管理、策划实施、过程控制、难点重点把握、科技创新、技术攻关、绿
色施工等方面进行了系统总结和阐述。

全书图文并茂，资料翔实，实用性强，对江苏省广大建筑企业深入开展创建精
品工程活动具有重要的推广应用价值和学习借鉴意义。

责任编辑：王华月　张　磊
责任校对：赵　菲

建设工程精品范例集 2021

张宁宁　主编
*
中国建筑工业出版社出版、发行（北京海淀三里河路 9 号）
各地新华书店、建筑书店经销
北京雅盈中佳图文设计公司制版
临西县阅读时光印刷有限公司印刷
*
开本：787 毫米 ×1092 毫米　1/16　印张：14¼　字数：332 千字
2022 年 12 月第一版　2022 年 12 月第一次印刷
定价：138.00 元
ISBN 978-7-112-28164-0
　　（40274）

《建设工程精品范例集》编写委员会

主任委员：张宁宁

委　　　员：（按姓氏笔画排序）

　　　　　　于国家　王静平　纪　迅　任　仲　成际贵

　　　　　　伏祥乾　孙振意　李若澜　时建民　张俊春

　　　　　　杨国忠　陈海昌　赵铁松　徐宏均　蔡　杰

　　　　　　薛乐群

主　　　编：张宁宁

副 主 编：纪　迅　于国家　成际贵　蔡　杰　任　仲

编　　　审：赵正嘉　吴碧桥

编　　　撰：赵铁松　谢　伟　庞　涛　韩树山　方　韧

　　　　　　邬建华　汪少波　王　军　周　阳　马　俊

主编单位：江苏省建筑行业协会

前言

　　质量是兴国之道、强国之策。《"十四五"建筑业发展规划》提到，要加快智能建造与新型建筑工业化协同发展，建筑业从追求高速增长转向追求高质量发展。当前，建筑业正处在一个由高速发展向高质量发展的转型阶段，由"建造大国"向"建造强国"迈进的升级阶段。

　　为深入贯彻习近平总书记关于质量强国的重要指示精神，引导江苏省建筑业企业牢固树立"质量第一，效益优先"的发展理念，全面总结、交流、推广江苏省建筑业在提升工程质量方面的先进做法和典型经验，促进江苏省建筑行业工程质量水平稳步提升，江苏省建筑行业协会组织出版发行《建设工程精品范例集（2021）》。本书详细介绍江苏省荣获 2020 年度中国建设工程"鲁班奖""国家优质工程奖"以及部分质量评价为精品的江苏省优质工程奖"扬子杯"等工程的创建全过程。包括以东吴文化中心为代表的科教文项目、以无锡新区新瑞医院为代表的医疗卫生设施、以丁家庄二期地块保障性住房项目为代表的住宅民生工程等，这些工程的质量均达到了国内领先水平，为江苏省经济发展、文化建设和民生改善等发挥了巨大作用，也展示了江苏省建筑企业在创建精品工程的过程中积累的宝贵经验。

　　希望江苏省广大建筑企业能从本书中汲取先进经验，高度重视工程质量，将质量提升行动真正落到实处。继续秉持"精益求精、追求卓越"的工匠精神，带好头、走在前、做表率，在"建设质量强国、迈向质量时代"的历史进程中发挥出更加重要的作用，作出新的更大贡献！

张守宇

2021 年 12 月 10 日

目　录

1. 苏州东吴文化中心总包工程 ——苏州第一建筑集团有限公司

1 工程简介

1.1 工程规模

工程占地 43116.8m²，总建筑面积 14.3 万 m²（地下 6.6 万 m²，地上 7.7 万 m²），由 1# 房（青少年活动中心）、2# 房（会议中心、文化馆、档案馆、图书馆、规划馆）组成，建筑最高 34.3m；地下两层停车库（局部人防及档案馆库房），地上五层。是一座集社区活动、图书阅览、档案管理、文化娱乐、规划展示、政府会议、青少年活动等诸多功能于一体的建筑综合体，是为苏州市民的文化生活提供活动场所的项目，是苏州市吴中区建区以来单体投资最大的工程（图 1）。

1.2 主要功能（表 1）

（1）1# 房呈椭球形，建筑最高 34.3m。外立面采用了曲面单层玻璃幕墙、曲面单层铝板幕墙、曲面双层玻璃幕墙和铝板幕墙（图 2）。

（2）2# 房外形方正，建筑高度 24.7m。外侧主要采用水波纹异面 GRC 板幕墙，局部倒锥形玻璃幕墙，入口为双曲面玻璃幕墙；内侧采用曲面玻璃幕墙（图 3~ 图 6）。

主要功能　　表 1

分区	层次	主要使用功能
1# 房 青少年活动中心	5F	各类青少年培训机构、社会实践场所
2# 房 会议中心	5F	会务、剧场
2# 房 文化馆	3F	展示、剧场
2# 房 档案馆	5F	档案管理、办公
2# 房 规划馆	5F	展示、办公
2# 房 图书馆	5F	图书馆藏、阅览

图 2　1# 房幕墙实景

图 3　2# 房东立面实景

图 4　2# 房北立面实景

图 1　苏州东吴文化中心总包工程俯视图

图 5　2# 房内侧幕墙实景

1

图 6　倒锥形弧面玻璃幕墙实景

图 7　钢桁架吊装施工图

2　工程难点、特点及技术、质量管理

2.1　工程结构复杂

本工程主体结构斜柱、Y 形柱等异形截面多；钢 – 混凝土、钢结构等结构类型多；空间变化大、跨度大；为了满足流畅优美的造型效果，相应的结构边线每层均为不规则曲线，内部斜梁纵横、高低板块错落，构造节点众多，施工难度大。其中 1# 房外壳 64 榀弧形钢桁架跨度 23~33m，单榀重量 8.3t；2# 房镂空钢框架屋盖，形状不规则，标高落差达 3.5m，跨度 11.4m；东入口连廊 3 榀主桁架高 4.6m，跨度 32m，单榀重量 82t；1、2# 房间连接飘带异形钢桁架形状复杂，落差达 21m，跨度达 32m。钢结构深化、吊装难度大、要求高。

项目运用本公司自有的先进测量工法《复杂弧型建筑免圆心双重交会圆弧法放样施工工法》，对弧形结构精细化放样，提高模板安装验收标准，确保结构成型效果。钢结构工程全程运用 Tekla 软件深化加工、放样、预拼装，完全达到了设计要求，并减少了损耗。结合施工过程撰写的施工技术论文《大跨度双曲面钢结构桁架施工技术》获江苏省土木建筑学会优秀论文一等奖（图 7、图 8）。

2.2　建筑外形复杂

工程建筑外形构思奇妙新颖，设计创意为一滴晶莹的水珠从太湖石中滴出，其中 1# 房

图 8　钢桁架内景照片

外形为"水滴"，2# 房为"太湖石"。1# 房呈椭球形，幕墙采用了单层曲面玻璃幕墙、单层曲面铝板幕墙、双层曲面玻璃及铝板幕墙等多种形式和材质。2# 房外侧立面采用了水波纹异面 GRC 板幕墙，局部倒锥形玻璃幕墙，入口为双曲面玻璃幕墙，内侧立面采用了曲面玻璃幕墙，整体外形为瘦、漏、皱、透的"太湖石"，韵味十足。外装深化、施工质量要求高，单块异型，GRC 板宽度达 12m 多，预制、安装难度大。

运用犀牛软件对总面积约 70000m² 的幕墙精细化建模，每块构件编号，参数详尽，施工工艺经过现场样板验证，成型效果良好。由此总结归纳的《异向无理曲面玻璃幕墙施工工法》《基于 BIM 平台的水滴型自由曲面建筑幕墙施工工法》被批准为江苏省省级工法（图 9~ 图 11）。

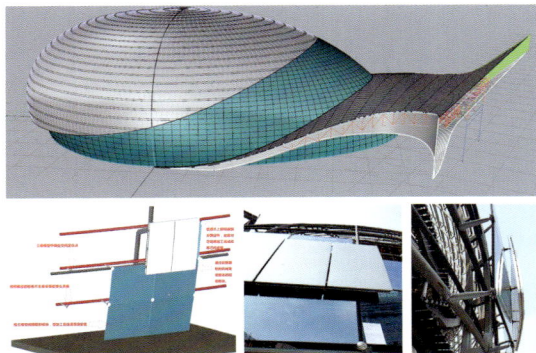
图9 1#房双层曲面玻璃幕墙 BIM 模型及节点实物

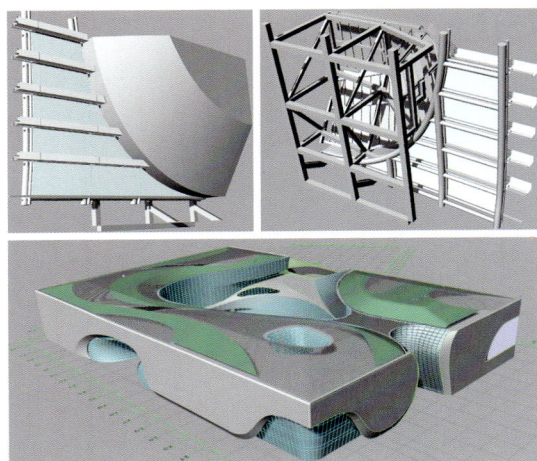
图10 2#房曲面玻璃、铝板幕墙及 GRC 幕墙模型

图11 2#房南立面实景

2.3 钢构厚型防火涂料外氟碳喷涂,工艺要求高

1#房外壳采用弧形钢桁架,桁架剖面线为无理曲线,防火涂层为20mm厚型防火涂

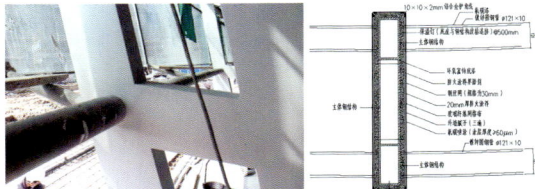
图12 1#房外壳钢桁架喷涂样板及节点详图

图13 1#房外壳钢桁架氟碳喷涂样完成照片

料,表面氟碳喷涂,喷涂面积5800m²,数量多、工艺要求高。除了要保证各涂层的相容性,还要做到涂层间粘结可靠,成形后棱角清晰,弧线流畅,表面光洁无色差。

严格实施样板引路,确定合理的施工工艺与流程,严格控制厚型防火涂料成活遍数,面漆腻子施工前棱角处设置专用护角条,防火涂料层和面漆腻子层均满包钢丝网和网格布(图12、图13)。

2.4 各馆功能和装饰风格差异大,不规则部位多

工程场馆多,功能各异,设有会议、阅览、培训、档案、剧场等功能和装饰风格差异明显的场所,室内装饰施工综合协调难度大(图14、图15)。

采用辅助设计排版,CAD绘图下料等方法精工细作;加强总包管理,按照总体进度、质量、安全规划有序推进各专业协作施工。

2.5 多专业衔接和立体交叉综合协调难度大

工程涵盖了土建、安装、智能化、泛光照

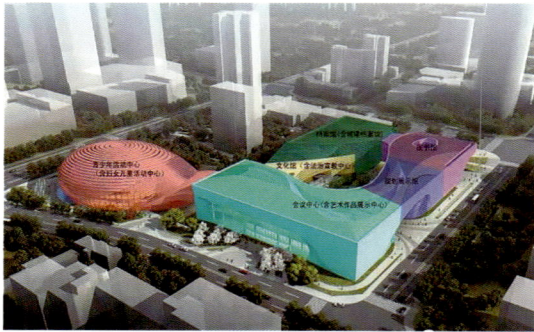

图 14　各馆分布图

图 15　各馆装饰效果实景

明、太阳能、钢结构、室内装饰、市政景观及外幕墙等众多专业。由于造型复杂，工期较紧，后期专业间衔接和立体交叉部位处理困难，容易出现碰撞、走向不合理等情形，施工综合协调难度大。

各专业分别建立 BIM 模型（图 16），并适时将相关专业模型进行整合，发现碰撞点及时与设计及建设方沟通，调整结构与管线的布置，同时利用 BIM 模型对管线综合排布进行

优化，精确下料、避免返工，节材节能。通过专业模型整合，还能实现预留孔洞、操作界面共享，相关专业均能精准放样，提高施工协调管理水平。基于本工程 BIM 应用的苏州市市级科研项目《工程项目施工阶段质量安全管理 BIM 应用技术研究》2016 年通过结题验收。

2.6　积极推进新技术应用和科技创新

（1）工程应用了住房和城乡建设部建筑业 10 项新技术中的 9 大项，江苏省建筑业 10 项新技术中的 5 大项，创新技术 7 项，形成江苏省省级工法 2 项，获批国家专利 8 项，通过江苏省建筑业新技术应用示范工程验收，验收意见为：成果达到国内先进水平。

（2）创新技术 1——异向无理曲面玻璃幕墙施工工法

工程东入口为马鞍形异向无理曲面的半隐框玻璃幕墙，采用无理曲面的近似有限单元法，既满足样式美观、线条流畅的设计意图，又突破了平板玻璃的单一性，使用上更加灵活多样。适用于复杂壳体建筑玻璃幕墙工程，对其他复杂造型幕墙有参考作用。特别对无理曲面玻璃幕墙的深化设计、材料加工制作、现场测量放样、安装和后期维护等方面具有指导意义（图 17）。

（3）创新技术 2——基于 BIM 平台的水滴型自由曲面建筑幕墙施工工法

应用犀牛软件建立 1# 房"水滴"造型模型，通过 BIM 模型整合，对幕墙和结构进行

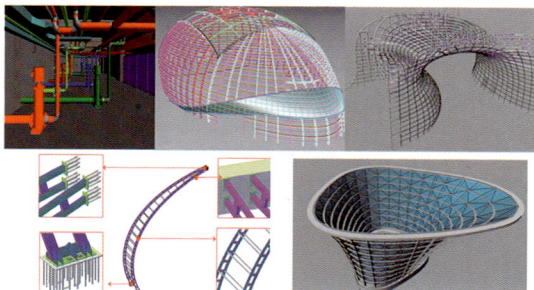

图 16　各专业模型图

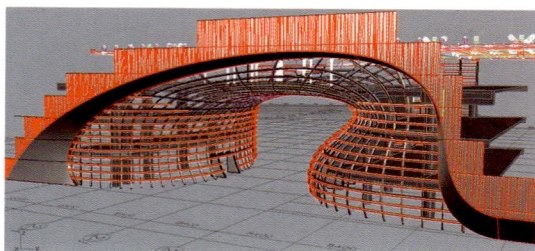

图 17　东入口无理曲面玻璃幕墙 BIM 模型

碰撞检查，准确确定下料尺寸，并以此控制加工精度。局部复杂位置结合三维扫描，实现快速、高效、准确对异形空间幕墙的测量工作。生产车间加工时采用三维刚性胎模控制、检查几何尺寸确保曲面材料尺寸准确，施工过程中按照模型中获取的定位坐标点用全站仪三维测量法进行空间定位，再用激光经纬仪配合跟踪测量，确保曲面龙骨、支撑件、面板安装时准确无误。通过 BIM 模型对复杂曲面的拟合与特定材料施工工艺控制，结合玻璃冷弯工艺和双层曲面单元板块挂装工艺应用，确保幕墙立面既满足建筑整体造型效果要求，又降低了成本，并满足了进度要求（图 18）。

（4）创新技术 3——空间三维立体放样施工工艺

本工程 1# 房外形为椭球形，室内隔墙较多，无通视条件，采用外控制法进行控制，即在建筑外部布设三维控制网，同时采用楼内高程控制网检核；布设方法为：在 1# 房主体 ±0.000 层布设若干个外控制点，用水准仪和全站仪确定出外网，再用水准仪 + 钢钢尺将控制高程网逐层（段）投测至需要测量控制的楼层，以作为放样幕墙特征点的控制依据（图 19）。

（5）创新技术 4——复杂弧形建筑免圆心双重交会圆弧法放样施工技术

1# 房各层结构边线均为曲线，应用创新

图 19 三维立体放样施工

的复杂弧形建筑免圆心双重交会圆弧法放样施工技术，对所在区域底板两侧的径向轴线上设置两个预埋点（A、B）。以 B 点代替圆心 O 点，作为圆弧轴线和径向轴线的基准控制点。B 点为主控制点，A 点为分控制点。利用距离交会法对组成轴线的每个点 X_1、X_2、…、X_n 进行测设。该放样方法使得曲线定位更快速、精确，同时减少了环境条件对放样工作的影响（图 20）。

（6）创新技术 5——点式玻璃幕墙定制驳接件施工工艺

按照幕墙系统定制 3 种不同的驳接件，满足单双层点式玻璃幕墙支撑连接。驳接系统的带齿支撑件，它能实现两相邻抓件同一方向的垂直可调，通过加工不同斜面的内螺

图 18 1# 房曲面幕墙

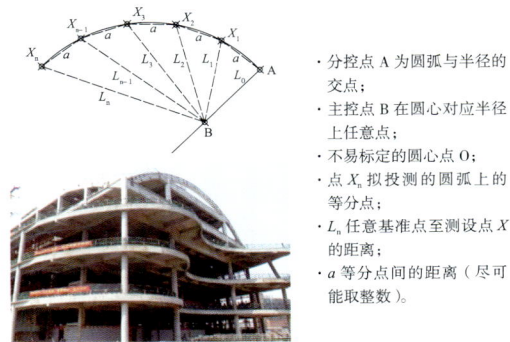

· 分控制点 A 为圆弧与半径的交点；
· 主控制点 B 在圆心对应半径上任意点；
· 不易标定的圆心点 O；
· 点 X_n 拟测的圆弧上的等分点；
· L_n 任意基准点至测设点 X 的距离；
· a 等分点间的距离（尽可能取整数）。

图 20 复杂弧型楼层施工图

5

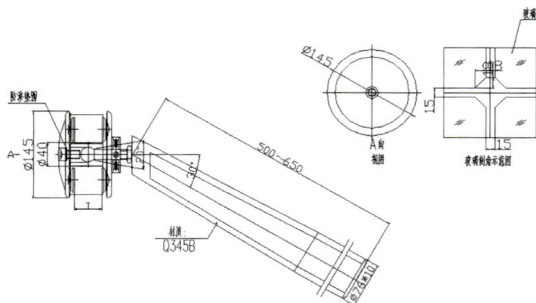

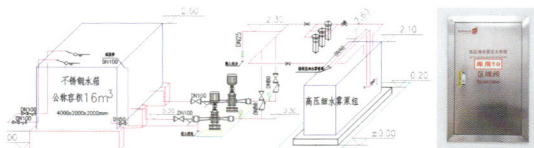

图 22　档案馆库房高压细水雾系统图及现场照片

图 23　热转印仿木纹凹凸铝板

安装时利用卡式龙骨与机械固定相结合的方式进行安装，安装牢固，铝板之间的接缝观感好（图 23）。

2.7　建筑设备节能

工程大量采用了 Low-E 玻璃、铝板垂直遮阳、LED 灯具、声控灯具、感应式洁具冲洗头、变频多联机供冷供暖系统、太阳能热水系统、光伏发电、新能源车辆快速充电桩等节能设计，获得绿色建筑二星标识证书，绿色施工过程符合"四节一环保"，并获得"江苏省建筑业绿色施工示范工程"（图 24）。

2.8　BIM 应用

（1）针对钢结构、混凝土、钢筋、模板、防水、机电安装、装饰装修等重要分部分项，在编制高大模板排架支撑体系等专项方

图 21　1# 房外壳幕墙接驳器及完成立面

套可以调整整个驳接系统的倾斜角度。驳接件内螺套螺钉都有一定的调节余量，方便现场的安装（图 21）。

（7）创新技术 6——高压细水雾技术应用

本工程档案馆库房等区域内大量运用高压细水雾技术，此项技术不仅具有高效节水、安全环保的灭火功能，而且具备特殊的降烟、降温、降毒功能。可快速隔离火源、对火灾现场烟雾和有毒气体进行有效降解和封堵，形成逃生通道，有利于人员疏散和保护消防队员的生命安全。高压细水雾技术是目前国内外绿色消防技术发展的前沿（图 22）。

（8）创新技术 7——热转印仿木纹凹凸铝板施工技术

本工程热转印仿木纹凹凸铝板采用小块料板材工厂制作加工，现场拼装的安装方式，

图 24　采用的建筑节能设备

案中利用 BIM 技术，在保证安全的同时又提高了排架搭设的质量，也可以加快施工进度（图 25、图 26）。

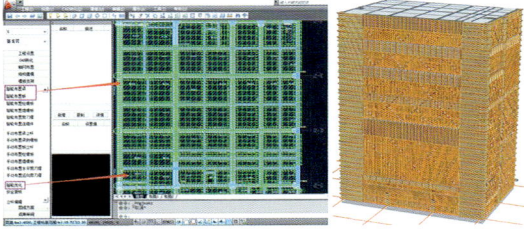

图 25　高支模模板支架智能布置

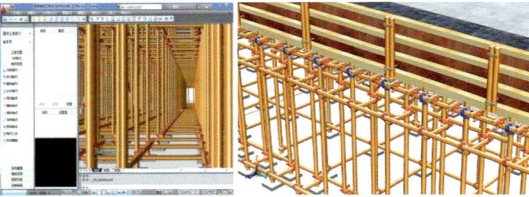

图 26　高支模模板三维漫游和施工交底

（2）在工程前期阶段应用 Navisworks 进行碰撞检测，共检查出大小碰撞 500 余处，如表 2 所示。在建造之前，对项目的土建、管线、工艺设备进行管线综合及碰撞检查，基本消除由于设计错漏碰缺而产生的隐患，可获得一个与实际施工现场一致的模拟施工环境，提高一次安装成功率，提高了安装质量，减少返工。通过碰撞检测修改各种碰撞，预计节约工期 40 余天，为后期安装大面积展开提供了有效的技术支持。

（3）机电安装施工利用基于 BIM 技术的专业软件 Revit MEP，在项目开始阶段，进行深化设计，结合实际情况，进行管线综合布置，从而充分合理利用空间，解决管线碰撞，提高一次安装的质量。通过综合设计避免多余管件，预留足够的检修空间，提高空间利用率，优化管道走向排布，达到整体美观的效果（图 27）。

碰撞修改前后对比　　　　　　　　　　　　　　　　　　　　　　　表 2

原设计	经过修改后

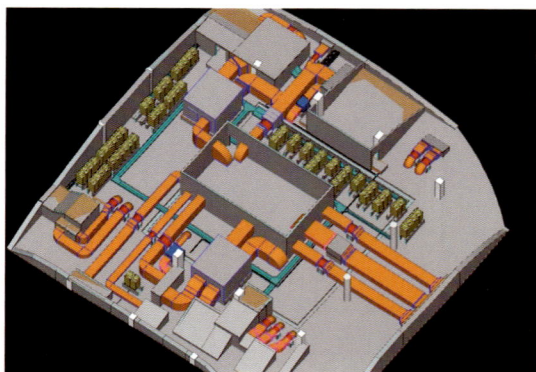

图 27　屋面设备层综合优化图

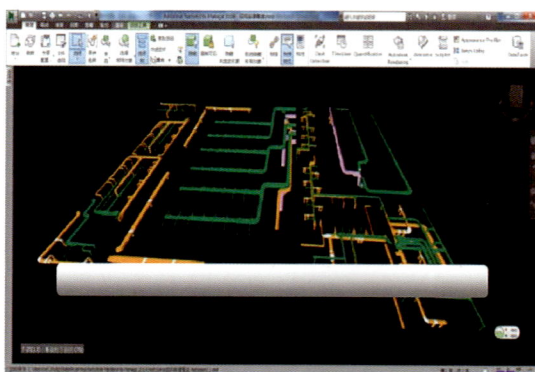

图 28　建立模型

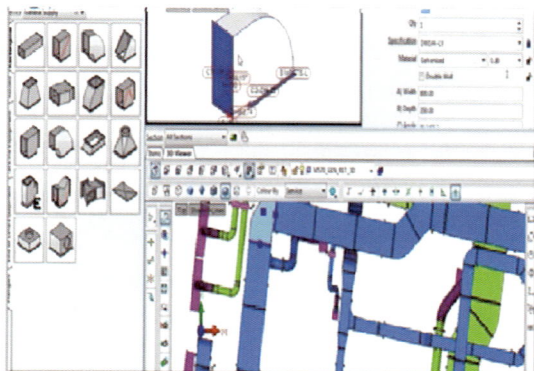

图 29　深化后出加工图

（4）基于水、暖、电和建筑结构等各专业的设计和模型自动进行通风空调系统管段分割、尺寸标注、管段编号，最后导出预制加工图及材料清单。为了提高通风管道的预制化程度，本工程将经过 BIM 技术进行管线综合平衡深化设计后的 BIM 施工模型利用 Revit 制作成预制加工图及材料清单。

以 BIM 模型和 3D 施工图代替传统二维图纸指导现场施工，可以避免现场人员由于图纸误读引起施工出错。在施工现场具备作业面后，由技术管理人员利用 BIM 技术向专门安装管道的技术工人进行管道安装可视化技术交底，同时将带有管段编号的施工图纸发放给作业工人，将制作完成带有编号的管道预制段搬运至施工现场按编号逐一进行组合安装。施工过程中，作业工人可以清晰地了解每个预制管段的安装位置、标高状况，从而进行精确定位安装，有效地控制了施工质量（图 28、图 29）。

3　工程建设成果

东吴文化中心建成之后为苏州市吴中百姓的日常办事、学习休闲提供了极大便利和资源，至今已举办了百场青少年校外教育培训等项目的公益活动；同时在大剧院举办了各类演出和活动，极大地丰富了群众的业余文化生活，使用单位非常满意。

该工程先后获得的奖项见表 3。

工程先后获得的奖项　　　　　　　　　　　表3

序号	奖项名称	颁奖单位	获奖年份
1	江苏省优质工程奖"扬子杯"	江苏省住房和城乡建设厅	2020年
2	鲁班奖	中国建筑业协会	2020年
3	中国钢结构金奖	中国建筑金属结构协会	2021年
4	中国建筑工程装饰奖	中国建筑装饰协会	2018年
5	江苏省勘察设计行业协会优秀设计	江苏省勘察设计行业协会	2019年
6	上海市建筑学会建筑创作奖	上海建筑学会	2019年
7	优秀勘察设计建筑设计二等奖	教育部	2021年
8	江苏省建筑业新技术应用示范工程	江苏省住房和城乡建设厅	2018年
9	AAA级安全文明标准化工地	中国建筑业协会	2016年
10	江苏省建筑业绿色施工示范工地	江苏省建筑业协会	2016年
11	江苏省安装行业BIM技术大赛"最佳普及应用奖"	江苏省安装行业协会	2015年
12	全国工程建设优秀QC小组活动成果一等奖	中国建筑业协会	2016年
13	全国工程建设优秀质量管理小组一等奖	中国施工企业管理协会	2017年
14	异向无理曲面玻璃幕墙施工工法	江苏省住房和城乡建设厅	2017年
15	基于BIM平台的"水滴型"复杂曲面建筑幕墙施工工法	江苏省住房和城乡建设厅	2018年

（吴坚杰　王磊　王强）

2. 无锡新区新瑞医院（上海交通大学医学院附属瑞金医院无锡分院一期）项目
——南通建工集团股份有限公司、江苏无锡二建建设集团有限公司

1 工程简介

1.1 工程概况

无锡新区新瑞医院（上海交通大学医学院附属瑞金医院无锡分院一期）项目位于无锡市新吴区至贤路197号，由门急诊医技楼、感染楼、病房楼、行政宿舍楼组成；总用地面积：62145.3m²，总建筑面积155602m²（图1）。

医院共设有临床科室29个，核定床位数600张，装备CT、DSA、核磁共振成像系统、SPECT单光子发射断层PET/CT正电子发射断层及X射线计算机体层摄像成像系统、绿激光手术系统、一体化手术室等先进医疗设备；拥有百级手术室4间、千级手术室5间、万级手术室12间；是一所集临床医疗、科研教学、健康管理为一体，并具有省内一流、国内领先的现代化医疗服务水平的三级甲等综合医院（图2~图8）。

1.2 单体工程特征值

单体工程特征值见表1。

单体工程特征值　　　　　　　　　　　　　　　　　　　　表1

序号	单体名称	层数（F）	建筑高度（m）	建筑面积（m²）	主要区域功能划分
1	门急诊医技楼、感染楼	−2/4F	27.25m	92221m²	门急诊科室、ICU、检验中心、体检中心、中心供应室、手术室
2	病房楼	−2/19F	88.8m	51110m²	入院办理处、药房、血透科、产科、检查科、病房区
3	行政宿舍楼	−1/5F	24.3m	12271m²	会议中心、行政办公

图1　医院全景图

图2　门急诊科室

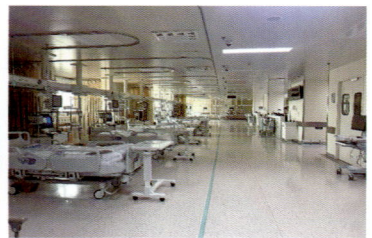

图3　ICU

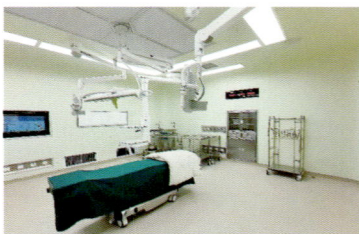

图4　手术室

图5　检验中心

图6　门急诊楼

图7　病房楼

图8　行政宿舍楼

1.3　开竣工时间及投资额

开工日期：2015年9月9日；

竣工日期：2018年7月30日；

总投资额：193200万元；

建安造价：71030万元。

1.4　建设责任主体

建设单位：无锡新区新瑞医院有限公司；

设计单位：海南（上海）建筑设计研究院有限公司；

勘察单位：无锡市勘察设计研究院有限公司；

监理单位：无锡建设监理咨询有限公司；

质量监督单位：无锡市建设工程质量监督站新区分站；

总承包单位：南通建工集团股份有限公司、江苏无锡二建建设集团有限公司；

参建单位：苏州金螳螂建筑装饰股份有限公司、南京国豪装饰安装工程股份有限公司、深圳市卓艺建设装饰工程股份有限公司、江苏天威虎建筑装饰有限公司、南通建工安装工程有限公司。

2　工程创优要点

2.1　工程管理

（1）工程开工伊始，就制定了誓夺"鲁班奖"的质量目标，一切过程以目标和准则而动。做到策划明确、交底标准明确、效果明确。按各环节的目标，成立各专业创优小组（图9），包括：建设、监理、总包、设计、各专业施工方人员，形成了系统性的管理网络，落实管理职责和标准，签订责任状。

（2）落实各专业创优方案：在创优策划的基础上，制定创优管理方案和实施方案，并建立创优纠偏机制，保证目标实现的过程受控，坚持有目的、有步骤地实施，制度化监督。

（3）实施样板引路，规范施工：现场设立样品区，工程中实行样板引路和首件验收制度、举牌验收制度，以实实在在的工程样品进行交底，将实实在在的工程样板标准渗透到各分部的大面积施工中，参照比对施工样板标准

图9　创优小组会议

图 10　样板展示区

图 11　砌筑样板

图 12　钢筋绑扎样板

贯穿全过程，将实实在在的工程样板标准贯彻到各分部项的大面积施工中，参照比对施工样板标准贯穿全过程（图 10~ 图 12）。

（4）从源头抓好工程质量。强化操作层质量意识，完善质量监管网络。在公司、项目部配备专职质检员的基础上，施工班组也必须配备专职质检员，实现质量管理落到实处，一抓到底。

（5）优选施工队伍。坚持多方考察，按照"优质优价、确保创优"的原则，签订劳务及专业分包合同，优先选择技术过硬、素质较好的施工队伍。

（6）以过程控制为重点，创亮点、精品节点，确保实体工程质量。从工序自检管理、工序标识管理、工序验收管理、工序交接管理四个环节严控，主要工序的转序都以交接单确认，现场挂牌，"谁检查、谁签字、谁负责"。

2.2　工程策划实施

（1）目标策划

质量目标：国家优质工程奖"鲁班奖"；

安全目标：安全无事故；

技术目标：江苏省新技术应用示范工程，1 项国家级工法，1 项国家发明专利，6 项国家实用新型专利，国家级 QC 成果 1 项；

文明施工目标：江苏省建筑业施工标化工地；

绿色环保目标：全国绿色施工示范工程，二星级绿色建筑；

设计目标：省级优秀设计。

（2）质量目标分解

1）阶段性质量目标：2017 年通过无锡市、江苏省优质结构评定，2019 年获得无锡市"太湖杯"优质工程、江苏省"扬子杯"优质工程。

2）优秀设计：识别设计的特点和先进性，贯彻落实设计效果，2019 年获得省级优秀设计。

3）工程难点识别：结合设计的识别，确定 10 项工程的主要难点。深基坑支护、大体积混凝土、高支模架体、加速器房特殊结构的控制、超长地下室防裂缝控制 5 项主体阶段难点；针对复杂的管线安装，应用 BIM 技术，有效实施管线综合布置技术；复杂屋面结构的防水处理；多种装饰外立面空间线条、尺寸的协调，地下室环氧地坪的层次效果，2 项装饰施工的难点；中心供应室、手术室高标准洁净施工的效果。

4）工程特色亮点的识别：依据创优的标准做法和识别的工程难点，列出工程精品和细节清单35项，编制专项的质量保证措施方案，从人、机、料、环、法、测多方面管控，达到做什么、怎么做、谁去做、做到什么效果、谁监控、谁确认等全过程控制。

5）过程管控：结合公司成熟的管理模式，运用新技术、专利技术，严格PDCA管理流程，把控好10个分部的质量关。

6）样板交底，保驾创优实施：制定贯彻项目的质量红线控制清单，制定实施项目精品细节的标准化示范图册和现场样板，实现工艺和实物样板的可视化。

2.3　重点、难点控制

（1）本工程深基坑开挖面积44984m²，地下室普遍开挖深度达9.55~10.05m，基坑安全等级二级。底板厚度尺寸多，坑交坑、坑中坑等复杂交接面成型难度大。通过前期与设计策划，基坑支护形式采用土钉墙、围护桩＋斜拉锚，确保了基坑安全；同时采用广联达钢筋翻样软件，确保了复杂钢筋弯折交接位置的正确，满足了设计和规范要求（图13、图14）。

（2）本工程门急诊医技楼和病房楼基础底板混凝土方量约为19750m³，其中病房楼基础底板厚度大，有1.2m、1.8m、2m等，为大体积混凝土。地下室结构采用加强带和后浇带，

图14　深基坑土钉墙支护

并且调整混凝土配合比和加强养护工作，严格控制好混凝土收缩裂缝（图15、图16）。

（3）门急诊医技楼一层门厅为大空间区域，高度17.5m，最大跨度16.5m，为超过一定规模的危险性较大的分部分项工程，模架体系是施工安全控制的重点。采用盘销式钢管支撑架，确保了结构施工的安全（图17、图18）。

图15　大体积混凝土浇筑

图13　深基坑围护桩支护

图16　混凝土收头精致

图 17　高支模盘销式支撑架

图 18　高支模专家论证

（4）直线加速器房间墙板、顶板厚度最厚达 2400mm，为超厚混凝土结构，如何控制好混凝土温差，做好混凝土裂缝控制是施工重点。采用模板外加保温板及薄膜，同时采取措施提高周边大气温度，减少了结构内外温差，确保结构无裂缝，满足了功能要求（图 19）。

图 19　直线加速器房墙板支撑

（5）本工程门急诊医技楼和病房楼地下室基础外墙墙板总长度为 808m，墙板总高度为 9.7m，外墙厚度为 450mm（地下二层）、400mm（地下一层），混凝土总方量 13330m³，外墙板裂缝防治和防渗漏施工是重点。外墙外侧采用聚氨酯防水涂料，保证了外墙板无渗漏（图 20）。

（6）本工程屋面防水采用聚氨酯防水涂料加 SBS 防水卷材，地下室顶板采用耐根穿刺卷材防水，面积为 31000m²，屋面设备种类繁多，配套基础量大；同时手术室和 ICU 位于门急诊医技顶层，为此屋面防水要求特别高（图 21、图 22）。

（7）外立面造型复杂、线条造型多、立体分布，保障石材幕墙、真石漆、铝合金窗户交接处理自然顺畅是本项目的又一施工难点（图 23、图 24）。

图 20　地下室外墙板防水

图 21　屋面防水

图22 门诊医技楼斜屋面防水

图23 医技楼外立面

图24 病房楼外立面

（8）机电安装系统全，管线多，空间有限，安装难度大，通过采用"管线综合布置技术"进行综合布管及系统优化，达到机电与装饰协调统一，做到立体分层，排列紧凑、美观，符合规范要求（图25）。

图25 地下室综合管线

（9）净化区域多，洁净要求高：净化区域包含门急诊医技楼二层的中心供应室、四层手术室、ICU、病房楼一层静脉配置室；7间手术室洁净等级要求为Ⅰ级，其他手术室及ICU、中心供应室、循环室等洁净等级要求为Ⅰ～Ⅲ级（图26~图28）。

图26 净化区域

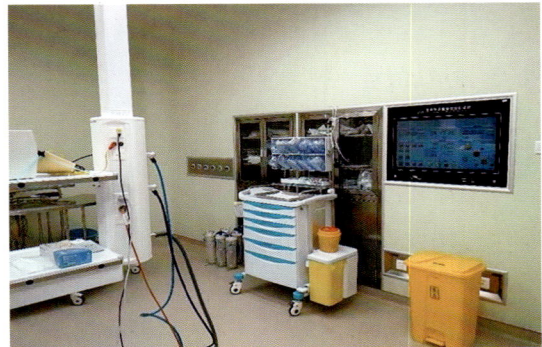

图27 手术前室

2.4 过程质量控制

（1）地基与基础工程

本工程地基采用钻孔灌注桩＋筏板基础，

图28　地下室车库环氧地坪

灌注桩桩径0.5m、0.7m，主楼筏板厚度0.5m、0.8m、1.2m、1.6m、1.8m、2m，裙楼筏板厚0.5m、0.8m，底板混凝土强度等级C30，抗渗等级P8。基坑最深处−15.7m，建筑桩基设计等级甲级和丙级（行政宿舍楼）。

1）桩基检测（图29、表2）

图29　钻孔灌注桩

2）沉降观测

工程共设置54个沉降观测点，其中门急诊医技楼设置26个沉降观测点，观测15次，ZLCJ24号点累计沉降量最大，为：−27.93mm；ZLCJ37号点沉降量最小，为−25.32mm；相邻

观测点最大沉降差为2.07mm；最后观察时间段平均沉降速率为0.002mm/d，沉降均匀且已稳定。病房楼设置12个沉降观测点，观测29次，ZLCJ11号点累计沉降量最大，为−40.09mm；ZLCJ4号点沉降量最小，为−36.47mm；相邻观测点最大沉降差为2.49mm；最后观察时间段平均沉降速率为0.003mm/d，沉降均匀且已稳定。行政楼设置16个沉降观测点，观测17次，ZLCJ54号点累计沉降量最大，为−24.96mm；ZLCJ49号点沉降量最小，为−22.67mm；观测点最大沉降差为2.29mm；最后观察时间段平均沉降速率为0.002mm/d，沉降均匀且已稳定（图30、图31）。

图30　沉降观测点

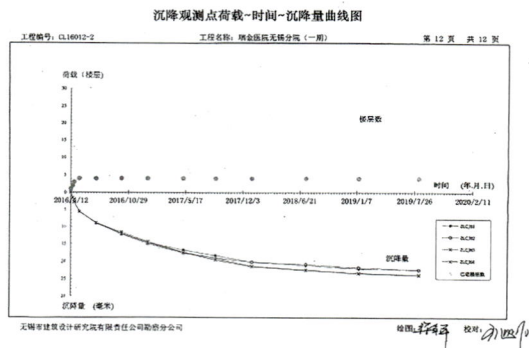

图31　沉降观测图

桩基检测　　　　　　　　　　　　　　　　　表2

序号	检测内容	检测数量	检测占比	检测结论
1	静载	30	1.27%	单桩承载力均满足设计要求
2	低应变	2483	100%	Ⅰ类桩占95.1%，Ⅱ类桩占4.9%，无Ⅲ、Ⅳ类桩

3）地下室工程

门急诊医技楼和病房楼地下二层，基坑最深处 –15.7m，支护结构基坑南侧混凝土灌注桩结合＋预应力斜拉锚支撑，其他三面均采用二级放坡土钉墙喷锚支护；基坑四周设置三轴搅拌桩止水帷幕。行政宿舍楼局部地下室采用放坡土钉墙喷锚支护。施工中加强过程监控，重点对周边环境、支护结构、地下水位等进行监测，施工过程中，基坑支护结构无变形、无位移。

地下防水工程采用水泥基渗透结晶防水涂料、JS 防水涂料、SBS 改性沥青防水卷材、聚氨酯防水涂料，防水效果显著。整个地下室底板、顶板、墙板均无渗无漏（表 3、图 32）。

整个地基与基础工程安全可靠，未出现裂缝、倾斜、变形等。

（2）主体结构工程

1）钢筋工程

钢筋工程原材经复试全部合格；钢筋连接全部采用直螺纹机械连接，复试抗拉强度均符合Ⅰ级接头标准；主体结构工程钢筋保护层实体检验合格（表 4、图 33、图 34）。

图 32　地下室无渗漏

图 33　基础钢筋绑扎

2）模板工程

从模板的定位、设计、选型、支撑体系入手，对异形模板、电梯井模板、型钢梁柱节点制作定型模板，对楼板模板采用硬拼缝法保证模板拼缝严密、不漏浆。由于对模板工程严格把关，保证了轴线位置，几何尺寸准确，梁柱结点方正正确（图 35、图 36）。

防水材料复试表　　　　　　　　　　　　　　　　　　表 3

地下室防水材料名称	进场数量	复试组数	复试结论
SBS 弹性改性沥青防水卷材	29000m²	3 组	合格
水泥基渗透结晶型防水涂料	92.5t	2 组	合格
聚氨酯防水涂料	18t	2 组	合格
聚合物水泥防水涂料	15t	2 组	合格

钢筋复试　　　　　　　　　　　　　　　　　　表 4

钢筋进场总量	进场批次	复试组数	复试结论
12451.624t	606 批	606 组	合格
钢筋直螺纹连接数量	施工批次	复试组数	复试结论
173674 个	579 批	579 组	合格

图 34　直螺纹端头打磨

图 35　标准层黑板铺设

图 36　柱模底采用砂浆封堵

试块检测　　　　　　　　　　　　　　　　　　　　表 5

混凝土用量	105349m³	标养试块：840 组	评定结果：合格
		同养试块：126 组	
抗渗混凝土用量	35270m³	抗渗试块：104 组	评定结果：合格
结构实体检测	全部合格		

加气混凝土砌块及预拌砂浆复试　　　　　　　　　　表 6

加气混凝土砌块原材料	预拌砂浆
共：24.8 万块 复试：25 组 复试结论：合格	共：542.8t 砂浆标养试块：87 组 复试结论：合格

3）混凝土工程

混凝土表面平整、光滑，截面尺寸准确。混凝土共 105349m³，试块采用现场养护，专人管理，经检测均达到设计要求（表 5、图 37、图 38）。

4）砌体工程

加气混凝土砌块内填充墙 24.8 万块，复试合格，砌筑每层垂直度偏差最大 3mm，表面平整度偏差最大 5mm，线管、线盒开槽整齐，

符合规范要求。砌筑用砂浆采用预拌砂浆，试块全部合格（表 6、图 39、图 40）。

（3）建筑装饰装修工程

1）外装饰工程

外立面一层为 30mm 厚石材幕墙，二层以上采用浅黄色真石漆面层，平整，分缝合理；设置大量纵横向线条，线条采用直线型和多弧形相结合，并配置方形和带圆弧的外窗，给人带来一种古朴、柔和之美。铝合金门

图 37　十字梁清水混凝土

图 38　梁柱节点

图 39　砌筑工程

图 40　二次结构工具式夹具

图 41　外立面石材

图 42　外立面米黄色真石漆

窗均采用断桥隔热铝合金门窗系统，玻璃采用 6Low-E +12A+6 中空钢化玻璃。石材幕墙面积 5685m²，铝合金门窗 8168m²，经检测气密性能符合 6 级，水密性能符合 3 级，抗风压性能符合 4 级，满足设计要求（图 41、图 42）。

2）内装饰工程

①室内甲醛、氨、氡、苯、TVOC 含量 5 项指标，检测 3 批次，抽检合格，达到 I 类民用建筑标准。

②室内有防水要求房间，材料复试合格，蓄水试验共 225 批次，无渗漏。

③各类原材料复试合格，木材甲醛释放含量等指标符合要求。

④整个装饰装修工程策划在先，施工中精工细雕，满足医疗医用使用功能要求（图 43~图 46）。

（4）屋面工程

屋面分为：上人屋面、不上人屋面，防水等级一级，施工中把屋面工程作为关键工序加

图 44　室内环境检测

图 45　电梯大厅

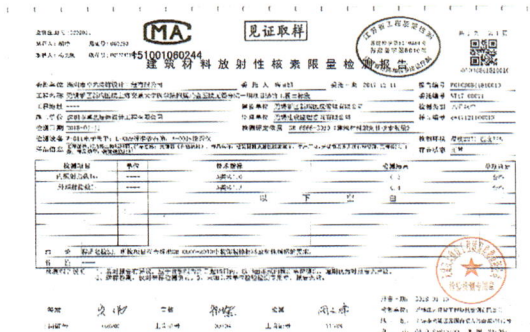

图 43　材料放射性检测

图 46　大厅

屋面防水材料复试 表7

屋面防水材料	进场数量	复试组数	复试结论	蓄水实验	实验结果
SBS 弹性改性沥青防水卷材	28000m²	3组	合格	48h	无渗漏、排水畅通
弹性改性沥青耐根穿刺防水卷材	15000m²	2组	合格	48h	无渗漏、排水畅通
聚氨酯防水涂料	27t	2组	合格	48h	无渗漏、排水畅通

强控制；屋面防水卷材原材料复试合格；经多次蓄水试验无渗无漏（表7、图47、图48）。

（5）建筑给水排水工程

给水排水工程管道布置合理、排列整齐，接口严密，水压试验合格，输水流畅，无渗漏。生活给水经冲洗、消毒和检测，符合国家生活饮用水标准。消防管道标识清楚，设施完整，运行正常，2018 年 7 月 16 日通过了无锡市公安消防局的验收（图49、图50）。

（6）建筑电气工程

电线电缆、开关插座抽样检测复检合格，配电箱、柴油发电机等设备进场验收合格。防雷接地、火灾报警及消防联动系统、智能建筑系统检测达到规范要求。柴油发电机组连续试运行 3h 符合设计及规范要求。电气检验批及各分项工程均验收合格（图51、图52）。

（7）通风与空调工程

系统管道试压合格、无渗漏，运行正常；设备安装稳固、标识清晰、运行良好；通风与空调工程分系统调试及联动调试一次性合格，运行良好。检验批、隐蔽工程验收合格，分项工程验收合格（图53、图54）。

（8）智能建筑工程

智能建筑工程共包括 15 个系统，各系统经严格调试信号灵敏，功能完善，使用效果良好（表8、图55、图56）。

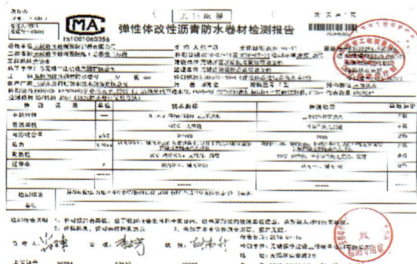

图47 防水卷材检测报告

图48 斜屋面防水施工

图49 管线布置合理

图50 设备运行平稳

图51 配电间

图52 配电箱

智能建筑工程子系统　　　　　　　表8

序号	项目	序号	项目
1	综合布线系统	9	无线对讲系统
2	计算机网络系统	10	楼宇自控系统
3	视频监控系统	11	智能照明系统
4	入侵报警系统	12	能源计量系统
5	一卡通系统	13	系统集成系统
6	停车管理系统	14	网络电视系统
7	无线巡更系统	15	综合管路系统
8	公共广播系统		

图53　冷冻机房

图54　空调出风口

图55　弱电井

图56　弱电控制箱

图57　曳引电梯

图58　自动扶梯

（9）电梯工程

共设有44部曳引式电梯，6部自动扶梯（图57、图58）。电梯导轨间距、支架水平度符合规范要求。电梯运行平稳，平层准确。电梯"空载""50%额载""满载"三种工况试验和电梯超载试验符合要求。自动扶梯制动载荷及制动距离符合要求。

50部电梯均通过了江苏省特种设备监督检验技术研究所的验收。

（10）建筑节能工程

幕墙节能、门窗节能、屋面节能、通风与空调节能、低压与配电节能、供暖与给水排水节能、监测与控制节能，屋面采用60mm厚挤塑聚苯保温板，材料复试合格；建筑节能一次验收合格（图59、图60）。

2.5　科技创新

深基坑工程坑内地下水位平衡控制施工工艺：

图 59　保温板检测报告

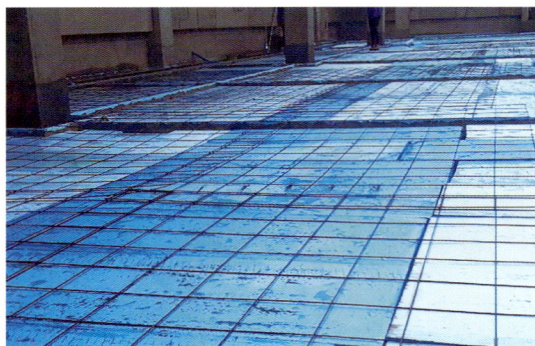

图 60　屋面保温板

（1）创新技术名称

深基坑工程坑内地下水位平衡控制施工工艺。

（2）关键技术或创新点

在基础底板垫层下形成纵横交错的盲沟，将基坑内的降水井、坑边集水井、坑边盲沟与盲井有机串、并联于一体，形成连通管体系统，地下水经连通管体系统的每一组成部分双向过滤、渗透，高出坑内盲沟系统的水位经连通管体系统，水流自由流通，从而实现整体深基坑内水位的协调与均衡。

该工艺原理的核心是根据深基坑工程环境与地质条件，结合工程对象地下水位控制要求，做好深基坑降水设计，预先布置好坑内降水井、坑外回灌补水系统、地下水及雨水回收循环利用系统及排水组织体系；在基坑开

挖至基坑底后，在基础底板垫层下部辅助采用土工布，布置纵横交错盲沟，将坑内降水井、疏干井及坑边集水井有机串、并串联于一体，形成连通管体系，连通管体系的每一组成部分均为地下水的渗流过滤通道，同一平面连通管体系内的水流自由流通，形成坑内水位协调控制系统。

（3）工艺原理示意图（图61、图62）

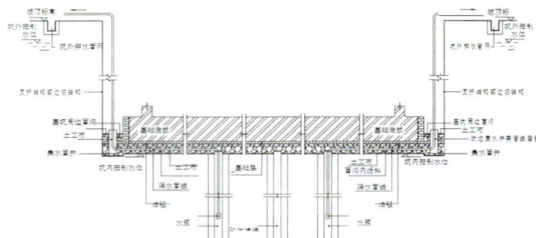

图 61　地下结构施工阶段深基坑水位控制及降水井处理工艺原理示意图

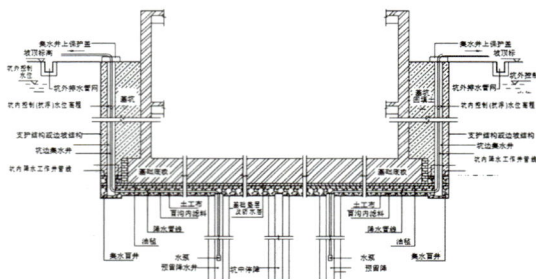

图 62　基坑回填后深基坑水位平衡控制工艺原理示意图

2.6　技术攻关

本工程积极推广和使用"四新"技术，共应用了住房和城乡建设部建筑业10项新技术中的9大项21个子项，江苏省10项新技术中的5大项13个子项；荣获江苏省新技术应用示范工程，新技术应用水平达国内领先（图63）。

在本工程中，总结创新技术11项，并且分获1项国家级工法，1项国家发明专利、6项国家实用新型专利及软件著作权3项（表9、图64、图65）。

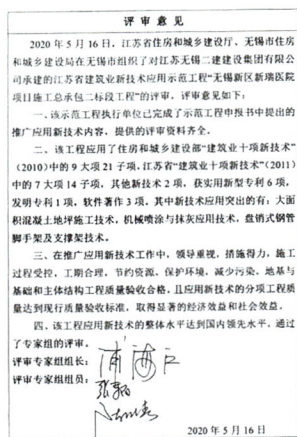

图63　新技术评定意见

图64　发明专利

图65　实用新型

应用的专利、软件表

表9

序号	专利、软件名称	授权号
1	深基坑工程坑内地下水位平衡控制施工工法	GJJGF027–2014
2	大面积混凝土地坪施工方法（发明专利）	ZL201810503594.6
3	钢筋自动绑扎机（实用新型专利）	ZL201820786681.2
4	基础底板后浇带止水钢板制成结构（实用新型专利）	ZL201820786946.9
5	一种混凝土外墙对拉螺栓孔的封堵结构（实用新型专利）	ZL201820786905.X
6	超厚墙板、顶板的模架结构（实用新型专利）	ZL201820786931.2
7	管道接头及供水管路系统（实用新型专利）	ZL201820786041.1
8	静音管道安装施工结构（实用新型）	ZL201820786500.6
9	建筑可视化 BIM 模型处理方法的研究软件 V1.0	2018SR512558
10	建筑绿色施工工艺研究软件	2018SR512555
11	建设工程信息管理软件	2018SR511976

2.7　绿色施工

项目在施工过程中，注重现场环境质量，注重绿色施工，体现在"五节一环保"方面：采用了定型化防护、废料利用、木方接木、新型模板支撑、雨水回收、雾炮降尘、节能照明、噪声监测等一系列措施，绿色施工效果明显，经济和社会效益显著（图66、图67）。

图66　定型防护

图 67　废料利用

3　获得成果

本工程先后获得了江苏省优质工程奖"扬子杯"、江苏省新技术应用示范工程、江苏省优秀勘察设计奖、江苏省建筑标准化施工文明工地、全国建筑业绿色建造暨绿色施工示范工程、国家优质工程奖"鲁班奖"等荣誉，并获科技管理类奖项多项。创优目标圆满实现（图 68~ 图 73）。

图 68　江苏省优质工程奖"扬子杯"

图 69　全国建筑业绿色建造暨绿色施工示范工程

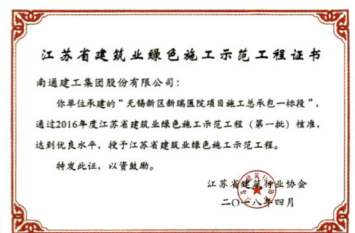

图 70　江苏省建筑业绿色施工示范工程

图 71　江苏省建筑施工标准化文明工地

图 72　二星绿色建筑标识证书

图 73　全国建设工程 QC 成果一等奖

南通建工：王金峰、邬新华、马君

无锡二建：许悦、牛玉飞、王雪峰

3. 邳州市人民医院新区医院二期病房楼、医技楼、门诊楼创精品工程
——江苏江中集团有限公司

1 工程概况

邳州市人民医院新区医院二期病房楼工程，框剪结构，地下1层，地上19层，建筑面积74046.06m²（图1）。医技楼、门诊楼工程，框剪结构，地下1层，地上4、5层，建筑面积68238.48m²（图2、图3）。

参建各方主体单位：

建设单位：邳州市人民医院；

勘察单位：江苏省第二地质工程勘察院；

设计单位：上海诚建建筑规划设计有限公司；

监理单位：江苏盛华工程监理咨询有限公司；

施工总承包单位：江苏江中集团有限公司；

质量监督单位：邳州市建设工程质量监督站。

项目规划布局和建筑风格符合邳州历史文化风貌，功能设置满足现代化医院的要求，总体规划时充分考虑与邳州的城市风貌相协调。同时又充分考虑作为医院的特殊功能布局要求，在二者之间做到协调统一，设计以人为本，分区明确，流线分开、快捷。方便病人在各功能区之间的便捷联系，将联系紧密的各功能区进行有效地布局，保证了两病房楼之间的相对独立和快捷连通，符合医院的使用要求，体现了现代化医院的设计理念，创建了一个具有邳州文化气息的现代化医院。

病房楼地下一层为车库、配电室（图4）及空调泵房、生活泵房；一层设有消防控制室、智能化机房（图5）、收费大厅（图6）及药品库房；二层为中心药库、输液库、调配室、新生儿病房；三层为静配中心、儿科病房；四层为办公区、血库、妇科病房；五层为

图1 工程外景1

图2 工程外景2

图3 工程外景3

图4 配电室

图5 智能化机房

图6 收费大厅

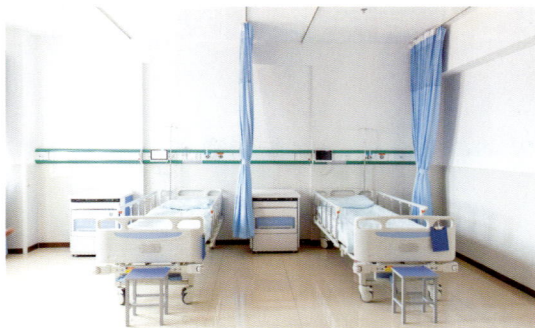

图 7　标准病房

ICU 病房、妇科产后护理；七层为标准病房及 CCU；6 层、8~19 层均为标准病房（图 7）；屋面为生活热水箱间、消防水箱及电梯机房。医技楼：-1 层为核医学科、消防泵房、配电房等，1 层为影像中心等，2 层为检验科、病理科等，3 层为消毒供应中心，4 层为产房、手术室等，5 层为手术室。门诊楼：-1 层为空调机房、配电房等，1 层为各科门诊 - 心电图放射科等，2 层为内科门诊、急诊手术室等，3 层为外科门诊、急诊、重症监护室，4 层为烧伤整形科、妇产科等。

工程于 2013 年 10 月 24 日开工，2019 年 5 月 28 日竣工验收。

2　创优做法

2.1　明确创优目标，落实工作责任

本工程投标时就确定：如有幸中标承建，将质量目标确定为"确保扬子杯，争创鲁班奖"。中标后对这一目标进行了精心的创优策划，施工过程中始终围绕这一目标高标准、严要求、重过程、抓细节组织工程施工，以踏石留印、抓铁有痕的工作作风促进创优目标的实现。

工程开工前，项目部及施工班组层层明确创优目标，签订了工程创优责任书，实施工程质量目标分解，对施工全过程实行预测预控，

并在目标责任制中明确相应奖惩规定。通过这一制度，将工程质量目标与经济利益相挂钩，极大地促进了质量目标的实现。

2.2　精心策划，制订严格质量验收标准

项目部本着"精工细作"的理念，根据工程实际情况，按企业内控制度标准，精心策划，编制了创优策划书，将创优的目标分解到分部分项工程，明确高于国家验收规范的创优验收标准，细化节点及细部做法，如机房设备安装、地砖和墙砖镶贴的排布，既要符合设计要求和验收规范，又要方便使用、美观大方。规范内部质量验收流程，使工程质量得到全面提高。

2.3　贯彻质保体系，执行强制性条文

在本工程施工过程中，各参建单位积极落实本公司的质量保证体系，以完善过程控制及管理，使施工过程有序、合理、受控。另一方面，公司及项目部对执行强制性条文进行定期检查，及时尽早发现问题解决问题。

2.4　严把图纸会审关，做到按图施工

通过图纸会审，了解设计意图，掌握施工难点、特点。项目技术负责人把各工种施工员发现的图纸上的疑问收集整理，先进行内部会审，并对一些容易引起常见质量缺陷的细节进行优化，再与设计人员沟通，确保施工的顺利进行。

2.5　认真编制施工方案，落实技术交底、技术复核、创优实施工作

根据工程特点，编制能指导施工的、有针对性的施工方案，使项目技术人员、操作工人全面了解工程特点、难点，落实技术交底、技术复核，确保实现质量目标。

2.6　加强材料采购管理，严把材料进场使用关

做好物资采购的管理，保证选用合格的材料，杜绝不合格材料用于本工程。

确定合格的材料供应商，在施工过程中，

对其所供应的材料进行连续的控制、管理、监督、检查，若有不符合要求的，坚决予以退货。

产品需用量计划由预算员根据进度计划表编制，施工负责人审核，项目经理批准后采购。

坚持货比三家，在合格的基础上，同质同价比服务。

严格执行原材料报验程序：材料进场后，首先要进行检查验收，并填报材料、设备进场申报单，由监理人员对该批材料进行检查，按规定见证取样送检。

2.7 加强对员工教育，提高全员素质

参加本工程施工人员众多，技术质量、安全施工水平参差不齐，项目部为提高施工人员素质，要求各班组坚持利用每天晨会，结合当天工作内容，有针对性地进行操作规程讲解，从技术质量到安全注意事项，力求讲深讲透，并提前备好课，记录在案。通过多种形式，如培训、会议、观摩、比赛、考核等，提高全员素质。

2.8 本工程涉及专业众多，专业设计及施工协调量大，成品保护难度大，项目部积极和有关方面沟通。一方面，积极做好工程各专业班组的协调工作，尽早发现问题，尽快解决；另一方面，积极做好与业主方、设计方、监理方等的协调配合工作，减少因沟通不力带来的种种不利因素。通过加强施工总承包管

理，整体工程质量、安全及进度均达到了业主要求。

3 工程特点、难点和亮点

3.1 工程特点

（1）大楼室内各层地砖、墙面瓷砖镶贴平整、垂直、美观、无空鼓；地砖、踢脚线和墙砖三维对缝（图8）。外墙干挂石材量大，质量要求高（图9）。工程外立面石材和部分铝板干挂，铝板颜色和石材颜色无色差，各楼间石材标高相同、排版统一，给石材的排版、安装带来很大的难度。各层门框周边打密封胶，公共部位墙砖、地砖及吊顶接缝处均打密封胶，注胶平直、美观。大楼设计合理，环保、卫生、净化要求高，为病员创造了一个舒适、温馨的环境。

（2）管道、强弱电桥架、风管交叉布置合理，支架共用，排列整齐，标识清晰（图10）；经计算机二次排版，与装饰协调美观，成行成线。

3.2 施工难点

（1）病房楼地下室底板长152m，属超长结构，施工期间的混凝土收缩裂缝控制有较大难度。

（2）外墙石材幕墙和玻璃幕墙面积大，达44180m²；装饰线多，6216m，垂直平整度控制难（图11）。

图8 墙砖三维对缝　　图9 外墙干挂石材　　图10 标识清晰

图 11　外墙幕墙

图 12　悬挑板

图 13　门诊楼中庭

（3）病房楼 1# 楼南立面 17.65m 标高悬挑现浇板，挑出宽度 2.5m，长度 64m；76.7m 标高四周悬挑梁板，挑出宽度 1.7m。悬挑板平直度控制难（图 12）。

（4）门诊楼中庭采光井四周柱高 18.0m，柱混凝土施工、干挂大理石垂直度控制难（图 13）。

（5）医技楼地下室直线加速器机房混凝土厚度达 1.3m、2.7m，超厚混凝土墙、混凝土顶板，混凝土施工裂缝控制难。

（6）水、电、通风与空调管线纵横交叉，布置难度大。系统繁多，交叉作业量大、调度难。

4　新技术应用情况

本工程应用了建筑业 10 项新技术 7 项中 13 个子项、江苏省新技术 4 项中 6 个子项、其他新技术 3 项，合计 22 个子项（表 1、表 2）。

应用创新技术：

①跟进式电梯井操作平台施工新技术；

②净化工程施工新技术；

应用建筑业 10 项新技术　　　　　　　表 1

序号	新技术项目名称		应用部位	应用量
1	地基基础和地下空间工程技术	复合土钉墙支护技术	基坑	223567m²
2	高性能混凝土技术	混凝土裂缝防治技术	底板、外墙后浇带混凝土	20824m³
3	高效钢筋与预应力技术	高强钢筋应用技术	基础、主体	9063T
		大直径钢筋直螺纹连接		18786 个
4	机电安装工程技术	管线综合布置技术	各层	
		金属矩形风管薄钢板法兰连接技术		
5	绿色施工技术	基础施工封闭降水技术	基础施工	
		施工过程水回收利用技术	基础施工	
		工业废渣及（空心）砌块应用技术	填充墙	7068m³
		铝合金窗断桥技术	外窗	11780m²
		太阳能建筑一体化应用技术	各楼浴室热水	
6	防水技术	聚氨酯防水涂料施工技术	各层卫生间	18828m²
7	信息化应用技术	工程量自动计算技术	工程量计算、钢筋配料	4 台

江苏省推广应用的新技术　　　　　　　　　　　　表2

序号	新技术项目名称		应用部位	应用量
1	建筑幕墙应用新技术	后切式背栓连接干挂石材幕墙应用技术	外立面	43634m²
2	建筑施工成型控制技术	混凝土结构用钢筋间隔件应用技术	各层柱梁板	
		自流平树脂地面处理技术	人防地下室	17082m²
		模板固定工具化配件应用技术	各层柱模	
3	大面积楼地面施工新技术——超长楼地面整浇技术		底板、楼地面	5416m²
4	废弃物资源化利用技术——工地木方接木应用技术		模板支撑	183m³

③屋面排气系统新技术。

在推广应用新技术工作中，领导重视，措施得力，施工过程受控，工期合理，节约了资源，保护了环境，减少了污染。单位工程质量验收合格，且应用新技术的分项工程质量达到现行质量验收标准，取得了较好的经济效益和社会效益。工程应用新技术的整体水平达到国内领先水平，于2018年12月通过了江苏省建筑业新技术应用示范工程专家组的评审。施工过程中发布了4项省级QC成果，获1项省级工法及1项发明专利。

5　实体设计做法及实体质量情况

5.1　基础工程

工程地基与基础、主体、装饰装修、屋面、给水排水、电气、智能、通风空调、电梯、节能十大分部齐全，全部一次成优，一次性验收合格。

病房楼工程基础为预制450×450混凝土方桩，筏板基础，单桩竖向抗拔静载检测、单桩竖向抗压静载检测均满足设计要求，低应变检测共327根桩，其中Ⅰ类桩323根，占98.78%；Ⅱ类桩4根，占1.22%，无Ⅲ类桩。医技楼、门诊楼采用桩基础，1043根450×450、12m长预制方桩，单桩抗拔、抗压静载试验均符合设计要求，低应变抽检750根

桩，检测Ⅰ类桩742根，占98.93%；Ⅱ类桩8根，占1.07%，无Ⅲ类桩。所有地下室底板及外墙均无渗漏现象。

5.2　主体工程

病房楼工程主体结构严格按公司质量管理体系标准进行管理和检验，主体混凝土C15～C50试块558组、C35P6抗渗试块17组、C40P6抗渗试块2组、C50P6抗渗试块3组、M5、M10砂浆试块41组，标养试压均达到设计要求。主体结构几何尺寸按轴网控制，房间净尺寸准确，混凝土内实外光，梁柱节点方正。工程设17个沉降观测点，共进行了30次沉降观测，累计最大沉降值为12.25mm，最小沉降值为10.67mm，沉降差为1.58mm，最终沉降速率小于0.001mm/d。沉降稳定，结构安全可靠。

医技楼、门诊楼墙体采用200厚M型MU10混凝土砌块混合砂浆砌筑。门诊楼中庭采光井四周38个混凝土柱高18m，柱混凝土施工上下垂直度控制在5mm以内。混凝土均内实外光，C15~C40抗压混凝土试块318组、C35P6抗渗混凝土试块69组、C40P6抗渗混凝土试块5组，试验均符合设计要求。门诊楼设20个沉降观测点，截止到2019年9月共进行了19次沉降观测，累计最大沉降值为8.44mm，最小沉降值为3.98mm；医技楼设10个沉降观测点，截

止到 2019 年 9 月共进行了 18 次沉降观测，累计最大沉降值为 8.51mm，最小沉降值为 3.66mm。两楼沉降速率均为 0.000mm/d，均已进入沉降稳定阶段。

5.3 装饰装修工程

石材幕墙 42239m²，1395m² 玻璃幕墙，安装牢固，横竖线条顺直，注胶饱满，连续无气泡，深浅一致。各楼进户门前均做了残疾人坡道，同一楼层地砖地面高低差均做了防滑处理，各柱阳角处都做成了圆弧形，防止行人碰伤。

5.4 屋面工程

本工程屋面防水设计使用年限为 15 年。

上人屋面，在现浇钢筋混凝土屋面板上做 20 厚 1：3 水泥砂浆找平层、80 厚挤塑保温板、20 厚 1：3 水泥砂浆找平层、3 厚高聚物改性沥青防水卷材、1.5 厚涂膜防水层、50 厚 C30 细石防水混凝土，内配圆 4@150 双向钢筋、20 厚 1：2.5 水泥砂浆加建筑胶结合层，铺贴防滑地砖，干水泥擦缝。

不上人坡屋面做法为：在现浇钢筋混凝土屋面板上做 80 厚挤塑保温板、20 厚 1：3 水泥砂浆找平层、3 厚高聚物改性沥青防水卷材层、C15 细石混凝土找平层（配 6@150×150 钢筋网）、空铺卷材油毡一层挂琉璃瓦。

5.5 设备安装工程

生活给水排水、消防管道等专业经二次深化设计，综合平衡利用，布局合理，排列美观、安装牢固，介质流向标识齐全、准确、清晰、美观，管道畅通无泄漏。

消防系统设备安装位置合理、固定方式可靠，油漆无缺损、标识清晰完整，管道安装横平竖直，固定牢靠，间距符合要求，系统运行正常、可靠，消防、喷淋各系统联合调试，通过了邳州市住建局的专项验收（图 14）。

通风空调机组固定牢靠、运行平稳。风管

图 14　消防系统设备

支、吊架位置准确、吊杆垂直，保温接缝严密、整齐。全热交换器对新风进行预冷、预热，空调二次水泵和变频节能技术，提高了工作效率，同时达到节能降耗的目的。

设备间整齐划一，机房设备排列有序；所有动力设备减振效果好；41 部电梯导轨安装牢固、位置正确、横竖端正，轿箱启闭轻快、信号清晰，运行平稳、平层准确，整机性能良好，操作安全，各系统运行正常，一次通过江苏省特种设备安全监督检验研究院电梯专项验收。

5.6 建筑电气工程

桥架安装横平竖直、牢固，跨接规范、美观，接地符合要求；电缆敷设整齐、接线规范、牢固，标识正确；高低压配电柜、配电箱布置合理、安装稳固，接线正确；灯具安装"横成排、竖成行"，整齐美观；大楼防雷接地、工作接地、保护接地、防静电接地及重复接地均满足设计和规范要求（图 15）。

建筑物综合布线系统、计算机网络系统、火灾报警和自动喷淋灭火系统、安保自动跟踪监控系统、通信及广播、有线电视系统等，智能化程度高，系统操作台、机柜安装平稳、布置合理；控制设备操作方便安全；电缆线、电源引入线编号清晰、标识正确。整个智能化系统验收一次通过。

图 15　配电箱

图 16　特色一

图 17　特色二（1）

图 18　特色二（2）

图 19　特色三

图 20　特色四

整个安装工程水电安装、空调通风、消防智能系统测试、试验一次成功，水电系统均经法定检测单位检定合格，使用功能和安全功能可靠，符合规范规定和设计要求。

工程十个分部技术资料齐全完整，内容详实、数据真实准确；填写规范及时，与工程进度同步，可追溯性强。分类组卷，编目清晰，查找方便，装订整齐；施工组织设计、专项施工方案、技术交底编制能够有效地指导施工。

工程报建审批和竣工专项验收资料完备整齐，顺利通过邳州市城建档案馆的验收，已完成竣工备案。

6　主要质量特色

特色一：大角垂直挺拔，最大垂直度偏差 4mm（图 16）。

特色二：外墙 42239m² 石材幕墙无色差、1395m² 玻璃幕墙，缝格宽窄一致，深浅均匀，胶缝饱满顺直、十字接头平顺光滑、深浅一致；四性试验符合要求（图 17、图 18）。

特色三：4560m² 上人屋面广场砖粘贴牢固，缝格平直、深浅一致（图 19）。

特色四：17082m² 环氧树脂地坪平整，光亮如镜（图 20）。

特色五：5054 步楼梯踏步方正，步高一致；踢脚线美观，出墙厚度一致（图 21）。

特色六：105257m² 地砖镶贴平整，与墙面瓷砖对缝，无空鼓（图 22）。

图 21　特色五

特色七：柱梁板粉刷阴阳角方正（图 23）。

特色八：72590m² 内墙瓷砖颜色一致，垂直平整，粘贴牢固无空鼓（图 24）。

特色九：52813m² 石膏板、硅酸钙板、金属板吊顶平整、线条顺直（图 25）。

特色十：每层门框周边公共部位墙砖、地砖及吊顶接缝处均打密封胶，注胶平直、美观（图 26）。

特色十一：走道吊顶灯具、喷淋、消防广播安装成行成线（图 27）。

特色十二：门诊楼采光井四边 38 个柱，柱高 18m，干挂大理石，全高垂直度偏差最大 3mm。

特色十三：管道、桥架安装布置合理、支架共用（图 28）。

特色十四：机房设备排列整齐，标识清楚，管道保温接口圆顺、接缝严密，过渡自然（图 29）。

特色十五：650 个卫生间无渗漏，卫生器具安装居中（图 30）。

图 22　特色六

图 23　特色七

图 24　特色八

图 25　特色九

图 26　特色十

图 27　特色十一

图 28　特色十三

图 29　特色十四

图 30　特色十五

图 31　特色十六　图 32　特色十七　　图 33　特色十八　　　图 34　特色十九

特色十六：卫生间排水管道出屋面部分安装牢固，标识清楚（图 31）。

特色十七：屋面板式太阳能、空气源热泵排列紧凑、整齐（图 32）。

特色十八：电缆排布整齐，标识正确美观，防火胶泥密实平整（图 33）。

特色十九：41 台工程电梯安装规范、运行平稳、平层准确（图 34）。

7　综合效果

本工程通过高起点定位、高标准管理、严要求施工、科技上创新，在综合管理、技术创新、质量控制、成品保护等各个环节都达到了较高的水准，工程质量、技术创新和安全文明施工均始终处于行业领先水平。

7.1　质量奖项

二期病房楼获 2020 ～ 2021 年度中国建设工程鲁班奖；二期医技楼、门诊楼获 2020 ～ 2021 年度国家优质工程奖。

7.2　技术奖项

病房楼设计被江苏省勘察设计行业协会评为优秀设计；医技楼、门诊楼设计被中施企协绿建委评价为三类成果。

多项 QC 质量管理小组活动成果获省级奖，获江苏省省级工法 1 项，获发明专利 1 项。

被评为 2018 年度江苏省新技术应用示范工程。

被评为第五期全国建筑业绿色施工示范工程。

7.3　安全管理奖项

被中建协评为 2016 年 AAA 级安全文明标准化工地。

7.4　社会效益

工程施工中未发生质量、安全事故；无拖欠民工工资现象；工程已投入使用一年多，各系统运行正常，未发生任何安全和质量问题，符合设计要求，满足建筑使用功能，正逐步缓解邳州人民看病难的状况。

我公司将进一步提高创优水平，走质量兴业之路，为打造百年江中、为社会创造出更多、更好的精品工程！

（沈忠星　柳永祥）

4. 海门市人民医院新院住院楼、门急诊楼、医技楼及防空地下室工程 ——江苏中南建筑产业集团有限责任公司

1 工程简介

海门人民医院新院工程位于海门海兴路以西、北京路以北，占地面积155403m²，规模为老院的4倍多，床位1640张，地上地下共有1800余个车位。2014年5月12日开工，2019年6月30日竣工备案（图1、图2）。

新院投入近3亿元，购置了智能医用直线加速器、3.0T核磁共振、双源能谱CT等一流设备。

门诊医技楼为框架结构，地下1层（车库及人防工程），地上4层，高22.05m，1层主要为门诊大厅、药房、影像中心等，2~4层为各科门诊、体检中心、检验中心、手术区等。住院楼为框架—剪力墙结构，地下1层（各类设备机房），地上16层，高75.35m；1层为出入院大厅及医药用房；2~16层主要为医护办公室及各科病房。

2 工程难点

（1）屋面设备布置多，屋面砖要求整体排布细部精致。

（2）室内装饰品种多，吊顶形式多样，细部处理要求高。

（3）机电安装系统复杂，设备与管线分布密集。

（4）规模大、集约程度高，专业复杂且交叉，管理协调难。

3 工程亮点

（1）25800m²石材幕墙，采用HYSS无焊接组装式钢架系统，纵横一致、胶缝均匀饱满；17300m²真石漆墙面色泽自然、和谐美观；5800m²金属幕墙安装牢固、沉稳大气（图3）。

（2）13000m²屋面整砖铺设节点构造合理、排水通畅，通气帽、雨水口、桥架支墩等制作

图1 鸟瞰实景

图2 场布BIM效果图

图3 石材幕墙实景

图4 屋面铺贴实景

图7 手术区橡胶地板实景

图5 门诊一楼大厅导医台实景

图8 护士站橡胶地板实景

图6 门诊二楼走道实景

精细、实用美观（图4）。

（3）门急诊及住院楼代表性区域（图5、图6）：

1）门诊大厅典雅明亮，方柱和墙面板材分块合理，拼缝均匀。

2）墙面涂料颜色均匀；装配式医疗板墙面安装严密，色彩素雅。

3）81100m² 吊顶形式多样，安装牢固，器具居中布置，成行成线。

4）7370m² 花岗石、18000m² 陶瓷砖地面排版合理，铺贴平整。

5）46690m² 橡胶地板平整舒适，转角细部圆弧处理，安全美观（图7、图8）。

6）637 个卫生间对缝铺贴墙地砖，地漏对角套割无积水（图9）。

7）2767m 栏杆安装牢固、高度合规；楼梯石材踏步施工精细，梯段滴水线粉刷细致，线直流畅（图10）。

（4）地下室 15000m² 环氧树脂自流平地面，色泽一致，美观亮丽、车位标识清晰；汽车坡道耐磨防滑（图11）。

（5）净化区域、手术室流线合理，室内空气高效处理，洁净度最高达百级层流间，满足各类高精尖手术及显微外科手术要求（图12、

图 9　卫生间墙砖地砖对缝铺贴实景

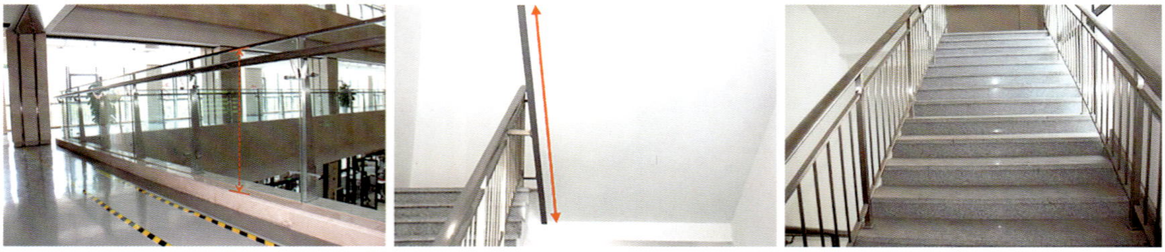

图 10　栏杆安装实景

图 11　地下室环氧地坪及坡道实景

图 13）。数字化手术间可以实现远程手术指导和教学的双重功能。

（6）体检中心宽敞明亮、整洁优美，功能布局清晰，检查项目齐全，为患者提供了"一

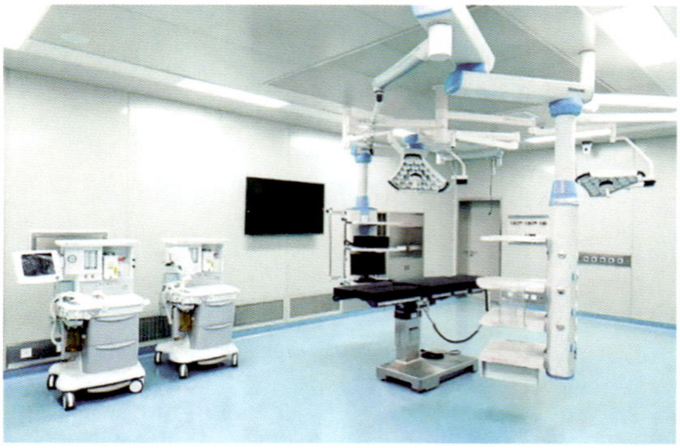

图 12　净化区域实景

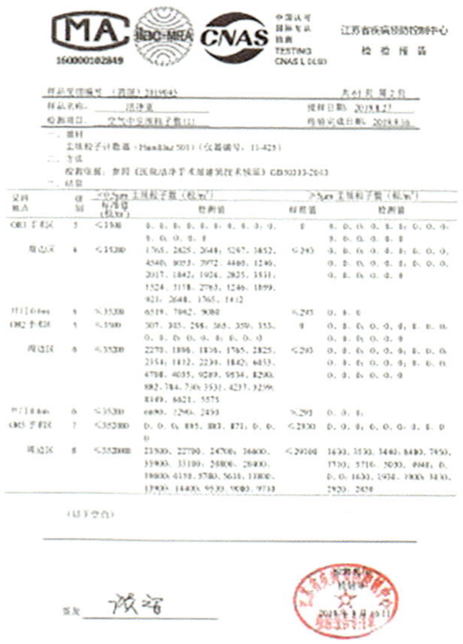

图 13　洁净度检测报告

图 14　体检区实景

图 15　机房管线实景

站式"服务（图 14）。

（7）消防泵房、生活水泵房等设备机房布局合理、管线排列整齐，成行成排，支架标高、朝向一致。基础四周排水顺畅（图 15）。

（8）冷冻机房空调水系统采用 PVC 管壳保温，压接严密、顺畅，做工精良、色彩亮丽、系统标识清晰（图 16）。

（9）配电室强电间：

1）76 台变配电室电柜安装成排成列，整齐划一，防火封堵严密（图 17）。

2）254 台强、弱电间配电柜安装规范，接地可靠；配电柜内配线整齐，绑扎牢固，标

识齐全（图 18）。

（10）各类桥架布置合理，标高正确；管线安装规范，间距合理。防雷接地装置设施齐全，安全有效。管道过墙、穿楼板均设置套管，内部填充不燃材料封堵，明装管道穿墙两端采用装饰罩修饰（图 19）。

（11）医用气体管线、气动物流传输、自动发药设备等医疗系统安装规范，运行稳定（图 20）。

（12）消防报警、监控、网络、LED 大屏显示、手术示教等智能化系统功能齐全，运行可靠（图 21）。

图 16　PVC 管壳保温实景

图 17　变电柜安装及接地实景

图 18　配电柜安装及细部做法实景

图 19　桥架安装及细部做法实景

图 20　气动物流控制室及接收站实景

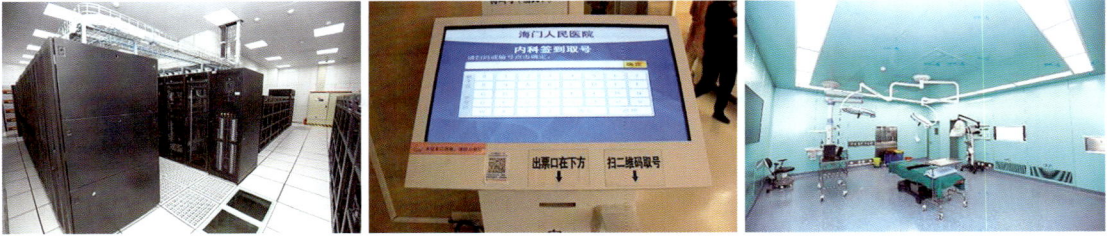

图21 智能化系统实景

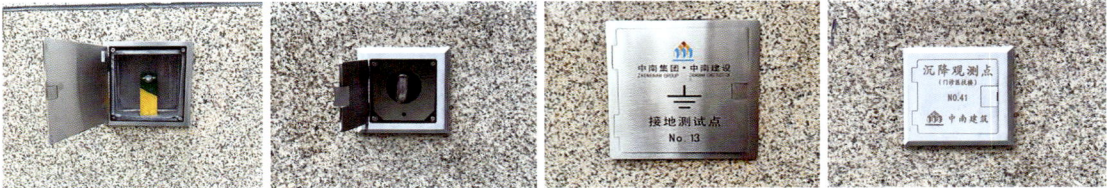

图22 接地测试及沉降观测点实景

（13）接地测试点、沉降观测点专属定制，编号清晰，精美秀气（图22）。

4 获得成果

在工程质量、科技成果、安全文明绿色施工、设计等方面累计获得13大项，44小项成果荣誉，其中国家级成果奖励16项（图23~图26）。

2015~2017年实用新型专利4项。

2016年江苏省省级工法1项。

2015年度中国建设工程BIM大赛三等奖，2015年江苏省首届安装行业BIM技术大赛最佳普及应用奖。

2015年度南通市施工学术论文交流二等奖、2017年度南通市施工学术论文交流三等奖、2018年度南通市施工学术论文交二等奖及三等奖。

2015年度南通市QC成果二等奖，2017年度全国QC成果三等奖，2017年度全国工程建设优秀质量管理小组三等奖；2019年度上海市QC成果一等奖、三等奖，2019年度全国工程建设优秀质量管理小组二等奖。

5 结语

新院投入使用后不久，新冠肺炎疫情暴发，作为海门第一个救治定点医院，立即开设隔离诊疗区，保障各项防控工作有序开展，为健康海门事业发展发挥了举足轻重的作用。

（袁秦标　张雷　何健）

图23 南通市优质结构工程

图24 江苏省建筑施工标准化文明示范工地

图25 全国建筑绿色施工示范工程

图26 江苏省新技术示范工程

5. 丁家庄二期（含柳塘）地块保障性住房项目 A27 地块（1#、2#、地下车库）——南京大地建设（集团）股份有限公司

1 工程简介

丁家庄二期（含柳塘）地块保障性住房项目 A27 地块（1#、2#、地下车库）位于南京市栖霞区，与主城隔紫金山相望，西临燕子矶风景区，南接紫金山风景区，北靠燕子矶新城，东接新尧新城，地理位置较为优越。A27 地块为开放式街区，是连接丁家庄一期和二期住宅区的重要综合配套服务地块，融合了商业、教育培训、居住、社区养老等功能（图1、图2）。

工程于 2016 年 7 月 18 日开工，2019 年 6 月 28 日竣工，工程造价 13516.23 万元。由南京大地建设（集团）股份有限公司承建。

工程建筑用地 10961.57m²，总建筑面积 51708m²，其中地上建筑面积 37405.4m²，由 1#、2# 主楼及裙楼组成。1#、2# 主楼均为地上 30 层，建筑高度 98.15m，为公租房，共计 432 套，每套建筑面积为 55.7m²，套型一致，成品房率 100%；裙楼地上 3 层，为商业用房、物业管理用房、变配电房等；地下为连为一体的两层地下室，建筑面积为 14302.6m²，为汽车库及设备用房，配有 396 个机动车位，其中机械车位 236 辆、自行车位 160 辆，汽车疏散

口设计 2 个（图3）。

工程结构形式为装配整体式剪力墙结构，预制率为 31.31%，预制装配率为 60.67%，预制构件共计 6 种 6252 件，包括预制剪力墙、预制保温外墙板、预制楼梯、预制阳台隔板、预制阳台叠合板、预制叠合楼板等。预制剪力墙连接节点采用具有自主知识产权的竖向钢筋集中约束搭接连接形式。

2 工程创优经验

2.1 目标明确，组建强有力的工程创优工作组

（1）围绕既定的"鲁班奖"质量目标，公司组建工程创优工作组，包括公司高管层面的决策指挥层、公司职能部门的指导监督层、项目部的执行层、明确所有人员的工作职责、并纳入年度绩效考核目标。紧紧依托建设单位、设计单位、监理单位及专业分包单位等参建单位，畅通关联单位的沟通渠道，形成创优合力。

（2）制定例会制度，根据工程的实施进度，工程创优组明确每月或每半月召开全体创优人员的例会，检查各项工程创优工作计划的落

图 1　项目西南立面实景图

图 2　主楼北侧实景图

图 3　地下车库实景图

实情况，沟通协调在实施过程中出现的各类问题，并及时作出决策，不影响工程的推进。

（3）组建专题小组，如奖项申报组、现场实物组、资料组等，各小组根据工作内容、职责制定总体工作计划和分阶段工作计划，定期召开专题会议，确保各项计划能稳步有序推进。

2.2　提前做好图纸深化设计和工艺做法优化

（1）本工程采用的预制构件多达 6 种 6252 件，包括水平构件和竖向构件，型式多样，尺寸繁多，同时在施工中采用铝合金模板、附着式提升脚手架、轻质墙板安装等技术，预制构件的高质量深化设计是保障构件制作、运输、安装的关键点之一。由公司自有的绿色建筑设计研究院承担深化设计工作，其在构件制作、安装施工方面具备丰富的实践经验，同时在同一组织架构下，与构件厂、总包项目部的沟通顺畅、高效。在深化设计中增加 BIM 工程师，发挥 BIM 技术的优势，对复杂的连接节点进行优化，并拓展 BIM 出图。对深化设计成果组织专家论证会，借助于外部专家的力量进一步对深化设计的深度、质量进行论证，提出改进建议（图4）。

（2）结合工程设计文件和《公司在建工程创优细部节点做法指导手册（第 1 版）》，对以下重点部位进行工艺做法的优化：

屋面：屋面细部防水构造、出屋面构架及女儿墙泛水、屋面砖排版、排气管布置、排水沟设置等。电梯前室及公共走廊：吊顶及灯具、喷淋排版、墙地砖排版、排水明沟设置等。楼梯间：预制楼梯防滑条及滴水线一次成型并交圈、楼梯栏杆设置等。水电管井：管线及桥架布置、穿板防火封堵、地面做法优化等。套内厨卫间：采用装配化装修。地下室：各类管道、桥架的综合布置、抗震支架设置、灯具排布、地库地面做法、排水明沟做法等优化，各类设备用房内设备布置、接地、排水构造等。

通过小组讨论，将以上重点部位的工艺做法优化，并形成创优细部节点施工方案，指导项目部现场实施，确保实物的实施效果。

2.3　积极推广新技术，科技创新推动工程创优

本工程应用住房和城乡建设部"建筑业十项新技术"（2017）中的 8 大项 24 子项，江苏省"建筑业十项新技术"（2018）中的 6 大项 6 子项，有效推动工程创优水平。其中比较突出的三项新技术有：

（1）竖向钢筋集中约束搭接连接技术

本工程主楼 6 层及以上预制剪力墙采用竖

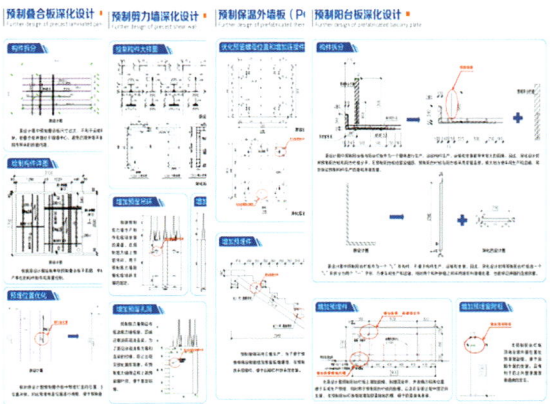

图4　深化设计成果和专家论证

向钢筋集中约束搭接连接，即将下层预制剪力墙的竖向插筋集束，伸入上层预制剪力墙下部的外加螺旋箍预埋波纹管内，采用压力注浆机将灌浆料从注浆口注入波纹管内，使集束钢筋可靠地锚固在波纹管内，形成连接节点（图5）。该连接节点构造简单，施工安装方便，灌浆密实度检测方法可靠。该连接方式是我司有自主知识产权的新型装配整体式混凝土剪力墙结构连接方式，主编并颁布实施江苏省地方标准《预制预应力混凝土装配整体式结构技术规程》DGJ32/TJ 199-2016，该技术也被列入《江苏省建筑业10项新技术（2018版）》。

（2）灌浆密实度无损检测技术

为减小实体破损检测对主体结构连接节点的破坏，根据连接节点的特点，在施工过程中研究灌浆密实度的无损检测。对预制剪力墙竖向钢筋集中约束搭接连接节点灌浆密实度采用冲击回波法进行检测，根据波纹管分布位置设定测线，以扫描的形式连续测试（激振和受信），通过反射信号的特性测试管道内灌浆状况。同时，为直观地验证无损检测的准确性，现场在同一部位波纹管顶端采用钻孔取芯法，取出灌浆料试件，观察验证灌浆密实程度（图6、图7）。

（3）装配化装修

内部装饰装修采用装配化装修，包括集成

图6　冲击回波法检测灌浆密实度

图7　钻孔取芯法

厨房系统、集成卫浴系统、快装墙面系统、快装地板系统、轻质隔墙系统等，共计432套。实现工厂化生产、现场一次性安装到位，相比于现场湿作业，减少固体废弃物90%，节约用水85%，降低能耗60%，大大减少扬尘和噪声，节省工期，保证了装修质量（图8、图9）。

（4）建筑设计采用15项绿色技术，获绿色建筑设计评价标识最高星级——三星级（图10）

设计阶段采用15项绿色技术，依据现行国家标准《绿色建筑评价标准》GB/T 50378，本工程建筑节能率为65.78%，可再生能源利用太阳能热水量53.62%，住宅绿地率21.11%，

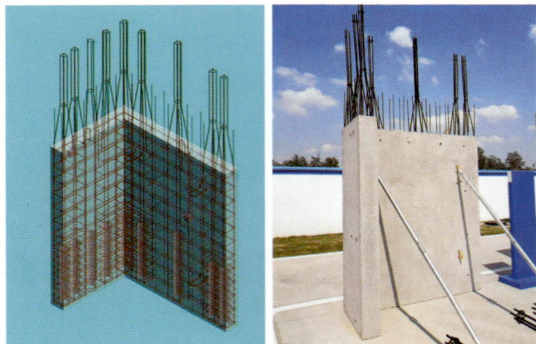

图5　预制剪力墙模型和成品图

图8　集成式厨房

图9　集成式卫生间

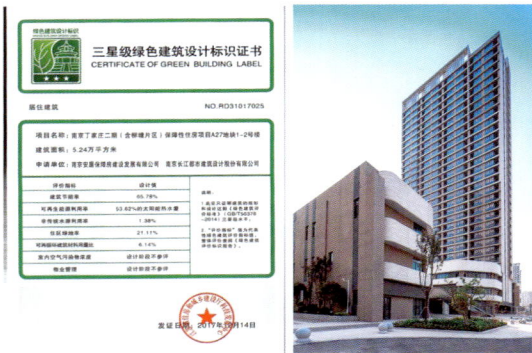

图10　三星级绿色建筑设计标识

可再循环建筑材料用量比 6.14%。这些绿色技术为在保障性住房中推广建筑产业现代化技术和绿色建筑技术提供示范。

2.4　有序推进，加强过程质量控制

过程质量控制主要包括原材料质量、样板制作及验收、工序质量、过程质量追溯，以预制构件的质量控制为例，主要体现在以下几个方面：

（1）严格控制预制构件的产品质量

本工程采用免抹灰施工工艺，且预制楼梯为成品，后期不再进行装饰，因此对预制构件的尺寸、平整度、垂直度以及表面观感要求高。在进一步加强预制构件厂自身过程质量管控的基础上，严格执行"首件验收制度"，增加驻厂监理和总包单位的过程验收，确保出厂的产品满足要求。所有预制构件生产均采用自动化的钢筋加工设备、流水线和全新的模具，保证预制构件的成品观感质量（图11、图12）。

（2）严格控制预制构件定位、安装精度

本工程标准层每层预制构件共计 121 件，其中竖向构件 61 件，水平构件 60 件，预制构件的定位难度大。现浇部分采用组合式铝合金模板，预制构件安装偏差会直接影响铝合金模板的组装，必须安装精确。

在正式施工前，实行"首段验收制度"，组织项目部安装样板间，从定位放线、构件吊运、安装、灌浆、铝合金模板安装、验收等工序，对现场管理人员和主要操作人员进行实地操作、培训，确保满足要求（图13）。

每块构件的纵横向控制线、外边线、中心线标识清晰；根据构件类型，在预制构件上准确弹出水平控制线或中心线。由专人负责验收。

采用钢筋套板进行预制剪力墙钢筋束的定位，采用钢筋束定位板保证竖向钢筋之间以及其在灌浆波纹管内的位置准确（图14、

图11　预制叠合板流水生产线

图12　预制叠合板产品实景

图13　装配样板

图 14　预制剪力墙竖向钢筋束定位套板　图 15　竖向钢筋束定位板　图 16　出浆孔位于波纹管顶端

图 15）。

（3）确保预制剪力墙灌浆密实度要满足设计要求

本工程预制剪力墙连接节点采用竖向钢筋集中约束搭接连接，共计 1500 块剪力墙，9300 个灌浆节点，灌浆量大。节点波纹管内灌浆密实度是影响连接节点受力性能的关键因素之一。

从构造上，本工程预制剪力墙灌浆出浆管位于波纹管顶端，且通过圆弧弯折伸出墙面（图 16）。

在正式进行灌浆施工前，项目部联合生产单位制作灌浆模拟节点，现场实际灌浆施工的作业人员按现场实际使用的灌浆料、坐浆料、钢筋进行模拟灌浆。

在出浆口设置微重力补浆装置，当灌浆液面出现明显下降时，及时进行补浆，确保灌浆密实（图 17）。

预制剪力墙底部满坐浆，形成强度后再进行灌浆，有效地避免灌浆过程中出现底部漏浆问题（图 18）。

对灌浆过程实行全过程视频拍摄，确保每个节点的灌浆质量均可追溯（图 19）。

（4）装配式混凝土建筑防渗漏控制

本工程外墙、阳台均采用预制构件进行装配施工，安装节点部位的防渗漏控制是关键点。

在深化设计时，采取构造防水和材料防水

图 17　微重力补浆装置

图 18　满坐浆

图 19　全程摄像

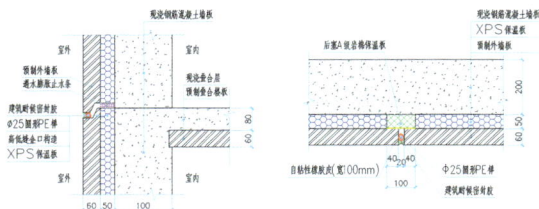

图 20　预制保温外墙板水平拼缝和竖向拼缝详图

相结合的方法。预制保温外墙板水平接缝处内外设置为企口,同时安装遇水膨胀止水条;竖向接缝采取平缝连接,内部设置空腔和排水

管排水,外侧打胶;外窗滴水、企口一次成型(图 20~图 22)。

2.5　建筑实体成型效果

建筑实体成型效果如图 23~图 29 所示。

3　获得的成果

(1)设计方面:2015 年度全国人居经典建筑规划设计方案竞赛规划、建筑双金奖;2017 年三星级绿色建筑设计标识证书;2020

图 21　安装遇水膨胀止水条

图 22　拼缝打胶

图 23　屋面排砖合理,砖缝均匀顺直,坡向正确,排水通畅

图 24　女儿墙泛水弧度一致,不锈钢压条安装顺直

图 25　地砖排版合理美观,做工精细

图 26　地下室电缆桥架安装横平竖直,灯具成行成线

图 27　桥架穿墙防火封堵规范、美观

图 28　曲线形风管做工精细,安装牢固

图 29　消防泵房设备安装规范,细部做工精细

45

年江苏省优秀设计奖。

（2）质量方面：2018 年南京市优质示范工程（装配式混凝土建筑）；"装配整体式剪力墙结构构件吊装质量控制"获 2019 年全国工程建设质量管理小组活动Ⅲ类成果；"提高集中约束式浆锚搭接波纹管灌浆密实度"获 2019 年江苏省工程建设质量管理小组活动Ⅲ类成果；2019 年度南京市优质结构工程奖；2020 年度南京市"金陵杯"优质工程奖；2020 年度江苏省优质工程奖"扬子杯"；2020~2021 年度中国建设工程鲁班奖。

（3）科技方面："装配式混凝土结构建筑工程施工质量安全管理研究" 2017 年经江苏省土木建筑学会组织鉴定，成果达国内领先水平；2019 年度江苏省建筑业新技术应用示范工程；实用新型专利 5 项（《一种竖向钢筋集中约束浆锚连接预制剪力墙》《一种用于竖向钢筋集中约束钢板》《一种预制装配式剪力墙注浆出浆孔》《预制混凝土楼梯生产模具》《一种预制叠合楼板生产模具》）；江苏省省级工法 4 项（《穿墙、穿楼板管道防水做法施工工法》《预制钢筋混凝土楼梯制作工法》《预制装配式混凝土建筑防雷装置预埋工法》《装配式混凝土建筑电线管预埋工法》）；科技论文（江苏省优秀论文 5 篇，核心期刊发表 2 篇）。

（4）绿色施工方面：2019 年度江苏省绿色建筑创新项目一等奖；2019 年度江苏省建筑业绿色施工示范工程；2020 年度住建部绿色施工科技示范工程。

（5）安全文明生产方面：2018 年江苏省建筑施工标准化星级工地（三星级）；2019 年全国建设工程项目施工安全生产标准化工地。

（6）综合效益方面：

作为南京市保障性住房项目，项目使用功能定位精装公租房，项目以三星级绿色建筑为目标，进行保障性住房建筑产业现代化试点，形成具有建筑产业现代化特色的绿色、生态保障性住房社区。经过我司认真策划，采用多项新技术、新材料、新工艺，强化过程精细化管控，本工程在装配式结构体系、装配式建筑施工质量过程管控、绿色施工及 BIM 技术应用等方面亮点突出，作为质量、安全文明、绿色施工等示范工程，组织约 85 次观摩，观摩人数达 6500 人次，为在保障性住房中推广建筑产业现代化技术和绿色建筑技术提供示范，社会效益显著。

（庞涛　张明明）

6. 天元国际大厦工程
——南通新华建筑集团有限公司

1 工程简介

1.1 工程概况

天元国际大厦工程位于南京市江宁区双龙大道以东，西门子路以北，美丽的百家湖湖畔。工程用地面积 10532.1m²，总建筑面积 76557.5m²（地上 47394.19m²，地下 29163.31m²），框架剪力墙结构，地下 4 层（基坑挖深 21.6m，主楼核心筒部位基坑深度达 27m），地上裙楼 6 层，主楼 23 层，主楼屋面高度 99.7m（图 1）。

1.2 工程建设各方的名称

建设单位：南京瑞沨酒店管理有限公司

勘察单位：江苏南京地质工程勘察院

设计单位：南京金宸建筑设计有限公司

监理单位：南京工苑建设监理咨询有限责任公司

总包单位：南通新华建筑集团有限公司

参建单位：

中建安装集团有限公司（暖通）

上海康业建筑装饰工程有限公司（内装）

苏州金螳螂幕墙有限公司（幕墙）

1.3 工程的主要功能用途

天元国际大厦，是一座设计先进、布局合理、功能齐全的国际一流标准高端商务酒店（南京景枫万豪酒店）。

地上裙楼为大小宴会厅、健身、泳池等辅助用房；主楼地上一层为酒店大堂、宴会门厅、大堂吧及配套设施；2～8 层为配套餐饮、客房、宴会厅、会议室及配套设施（两间大型无柱式宴会厅，十间多功能会议室）；9～22 层为酒店标准客房层、行政客房层（312 间各式客房和套房），23 层为会所式中餐厅；地下室为机动车库、设备机房及酒店管理后勤用房。

1.4 工程开竣工时间

本工程于 2014 年 3 月 8 日正式开工，2017 年 10 月 27 日竣工验收，2017 年 11 月 7 日完成竣工备案（图 2）。

2 精品工程创建过程

2.1 工程施工特点

天元国际大厦工程是南京江宁核心区的标杆式建筑，是一座设计先进、布局合理、功能齐全的国际一流标准高端商务酒店（南京景枫万豪酒店）。工程质量目标要求高：创"国家优质工程奖"。

项目紧邻主干道、厂房、办公楼，场地狭小，且基坑开挖深度及范围均较大，地下水位较浅，紧邻百家湖，水量丰富（图 3）。

2.2 工程施工技术管理难点

（1）基坑西侧及南侧分别紧邻主干道双龙大道和西门子路，东侧紧邻厂房及办公楼，场地周边地下管线密布；且基坑开挖深度及范

图 1 项目照片　图 2 项目外立面

图3　工程效果图

图4　工程平面图

图5　四层地下室

图6　项目地形位置

围均较大（四层地下室，开挖深度21.6m，主楼核心筒区域开挖深度达27m），地下水位较浅，紧邻百家湖，水量丰富。基坑支护、土方开挖、降水施工难度大（图4~图6）。

（2）施工场地狭小，周边环境复杂，四层地下室结构面积29163.31m²，用地面积10532.1m²，基坑开挖面积近85%。临设、材料堆场、加工场布置难度大。基础施工阶段可用场地异常狭窄，各种材料不能一次运输到位，二次驳运量大（图7）。

（3）地下室东侧外墙距支护桩仅200mm，此空间不能满足外墙防水找平层及防水层施工，同时无法按照常规方法对外墙进行双面支模加固，所以局部只能采用室内单侧支模方式，单侧支模应用面积1750m²，单侧支模加固控制难度大（图8）。

（4）层高高（最高10.75m），大空间多（门

图7　施工场地狭小

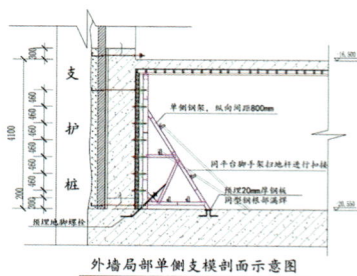

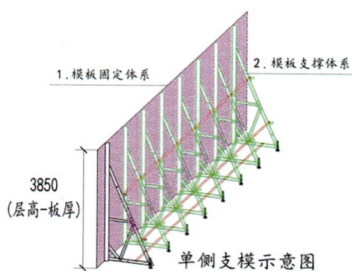

图8　单侧支模加固

图9 层高高，大空间多

图10 水平劲性钢骨混凝土梁

厅、宴会厅），模板支撑体系建立难，质量控制要求高。采用承插型盘扣式钢管脚手架（图9）。

（5）裙房局部结构梁为水平劲性钢骨混凝土梁，BIM策划，深化设计，跨度24.2m（内含钢骨规格H900×400×14×35），钢骨精准就位难，焊接质量控制难（图10）。

（6）裙房设有游泳池（面积1923m²），防渗防漏要求高（图11）。

（7）外立面造型丰富，多种幕墙系统（24900m²）融为一体（玻璃幕墙、石材幕墙、金属幕墙），交叉多，收边收口多，细部处理难（图12）。

（8）地下室耐磨地坪工艺精湛（大面积原浆机械抹光），色泽均匀，平整光洁（图13）。

（9）运用BIM技术提前策划，专业多，技术复杂，统一协调难：节点深化设计、基于BIM模型的图纸问题审查、施工工艺三维指导、碰撞检查、管线综合排布、BIM辅助施工方案编制及BIM质量管理应用等（图14）。

2.3 精品工程过程管理

（1）落实创优目标的组织措施

1）开工前，就确立了创"国家优质工程奖"的质量目标。集团公司建立健全了公司、分公司和项目经理部的质量管理网络，分级负责国优工程创建的总体策划、过程指导、检查考核等工作（图15）。

2）在全公司范围内优选管理骨干组建了项目经理部，项目经理具有丰富的施工管理经验、综合素质突出。项目管理班子由包括高级

图11 游泳池

图12 外立面造型丰富

图13 地下室耐磨地坪

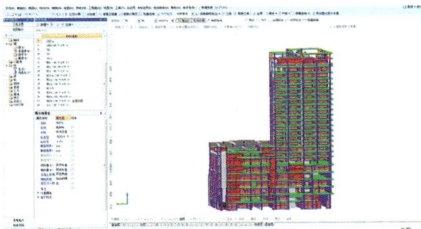

图14 BIM模型

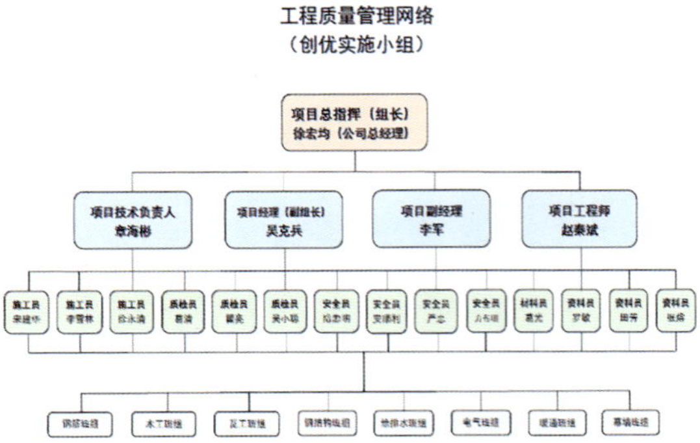

图 15　工程质量管理网络

工程师、工程师、高级技师在内的技术和管理人员组成，为创建优质工程提供了组织保证。

3）成立了创建"国优"工程实施小组。集团公司总经理担任组长，项目经理担任副组长，集团公司总工程师担任顾问，项目技术负责人、项目工程师、施工员、质检员、专业工长为组员，定人、定岗、定制度、定措施，统一协调施工过程中与质量有关的各项工作。

4）根据集团公司创优质工程实施办法，明确创优目标，签订目标管理责任书，并直接分解落实。集团公司与项目经理签订创优质工程责任书，明确双方的职责和具体奖罚规定，项目经理及项目班子主要成员向公司缴纳风险抵押金。项目经理与操作班组分别签订了质量责任书，使责任层层落实（图 16）。

5）建立工程质量保证体系。按 ISO9001

图 16　质量责任书

质量保证标准的要求，在项目经理部内建立工程质量保证体系及岗位责任制，做到职责明确，有章可循，严格根据国家有关施工和验收规范、图纸以及公司的质量手册、程序文件和作业指导书组织施工。

6）创建良好的创优氛围。项目经理部施工过程中通过设置展板、横幅、标语、进城务工人员业余学校等宣教形式，广泛地、有针对性地开展了精品工程创建动员，增强全员精品意识，努力营造良好的创优氛围。使全体施工人员了解工程的质量目标及创优的意义，深刻认识到创优是新形势下，企业占领市场及生存发展的需要，使创优工作转化为全体施工人员的自觉行动。

7）与建设单位、勘察设计单位及监理单位共同整合创优细则，保证创优计划切实可行。

（2）加强施工过程动态管理

1）工程开工后，由集团公司总工对项目部进行整体质量交底，分部分项工程施工前，由项目技术人员向操作班组进行针对性的质量技术交底，对施工程序、方法以及易产生质量问题的环节提出详细的要求。

2）项目部专门成立了以项目经理为首的包括技术、质检员等组成的质检小组，每周对工程质量进行一次全面检查。要求管理人员做到腿勤、眼勤、嘴勤、手勤，施工员、质检员、班组长坚持跟班作业，发现问题及时纠正。

3）实行挂牌制。木工、瓦工等所有作业班组在施工部位挂牌，注明部位、班组名称、操作人员姓名、施工质量状况等。加强操作人员的责任心，督促各责任人严把施工质量关。

4）采取样板引路。主要分部分项工程大面积施工时，先做样板，经业主、监理等各方主体认可后再全面铺开，并以样板的质量标准进行质量控制与验收。

5）积极开展 QC 小组活动。

（3）强化一线操作人员创优意识

1）项目部充分利用进城务工人员学校，定期组织对操作人员进行技术培训。根据工程进度情况，每个分部分项工程开工前，对作业班组技术交底。

2）实行优质优价制度。瓦、木、钢筋、装修等大工种每月进行任务单结算时，预扣15% 质量保证金，工程完工退场时经项目部累计检查，凡全部达到优质等级的，一次性全部返还保证金，反之则予以扣除，促使操作班组成员在每道工序操作时精心施工，遇有质量缺陷，自觉在操作过程中进行返工，直到达到优良标准。

3）在生产班组之间开展劳动竞赛，经项目部检查后，通过现场宣传栏公布结果，并充分发挥经济奖罚的作用，对检查中名列前茅的班组及时给予奖励。

2.4 工程实体质量情况（图 17）

（1）工程采用 C40 钻孔灌注桩【桩径800mm，有效桩长 17m，总桩数 475 根，静载检测 6 根（3 根抗拔 +3 根抗压），均符合要求，工程桩小应变检测 239 根，Ⅰ类桩达 100%】。

（2）所有进场材料均有出厂合格证（质保书），并按规范现场取样送检，复试报告全部合格。【钢材复试 194 组，水泥复试 3 组，加气块复试 15 组，防水卷材复试 4 组，防水涂料复试 6 组】

（3）钢筋接头经试验检测均合格。【直螺纹连接接头：地下 49 组，地上 170 组；电渣压力焊接头：地下 27 组】

（4）砂浆试块（59 组）经送检和综合评定均合格。

（5）本工程混凝土均采用商品混凝土。所有试块经送检及综合评定均合格。

（6）幕墙水密性、气密性、抗风压、平面内变形性能检测合格；钢筋保护层及板厚现场实体检测合格；室内环境检测合格；现场节能检测符合设计要求（图 18）。

（7）消防通过了南京市公安消防局专项验收，电梯经南京市特种设备安全监督检验研究院检验合格。

（8）工程竣工验收前已通过各分部分项工程验收及规划、节能、电梯、防雷、环保、人防等专项验收。建设程序合法合规。

2.5 工程质量特色与亮点

（1）钢筋工程施工规范，间距均匀一致（图 19）。

（2）主体结构内实外光，表面平整，棱角分明，尺寸准确（图 20）。

（3）砌体墙面平整，灰缝饱满，圈梁、构造柱设置规范（图 21）。

（4）整体结构安全可靠，10 个沉降观测点，于 2016 年 1 月 5 日至 2017 年 8 月 31 日，共观测 33 次，最大沉降 15.0mm（H03 点），最小沉降 12.4mm（H02 点），工程竣工时平均沉降速率为 0.01mm/d，最大沉降速率为 0.01mm/d，均小于本工程竣工验收的标准值（0.10mm/

图 17 施工现场

图 18 幕墙实拍

图 19 钢筋工程

图 20　主体结构　　　　图 21　砌体墙面　　　　图 22　屋面工程

图 23　玻璃幕墙

图 24　石材幕墙　　　　　　　　　图 25　金属幕墙

d，0.12mm/d)，最后百天沉降速率 ≤ 0.01mm/d，各点沉降均匀、稳定。

（5）屋面工程精心策划，细部处理到位，坡向正确，排水顺畅，使用至今，不渗不漏（图 22）。

（6）玻璃幕墙晶莹剔透，封闭严密，胶缝饱满，无渗漏；四性检测符合设计和规范要求（图 23）。

（7）石材幕墙安装平整，胶缝饱满、大小一致（图 24）。

（8）金属幕墙线条顺直、平整，间距一致（图 25）。

（9）钢构玻璃雨篷制作精良，安装牢固，大气美观（图 26）。

（10）首层酒店大堂典雅大方，造型优美，视野开阔（图 27）。

（11）室内顶棚专项设计，排版合理大方（图 28）。

（12）餐厅及客房布置整齐舒适；顶棚错落有致，线条横平竖直（图 29）。

（13）木门做工精细，安装平整（图 30）。

（14）室内装饰排版设计，精工细作（图 31）。

（15）墙面饰面，做工精细、色泽协调美

图 26　钢构玻璃雨篷　　　　　　　图 27　首层酒店大堂

图 28 室内顶棚

图 29 餐厅及客房布置

图 30 木门

图 31 室内装饰

观（图 32）。

（16）石材、地砖、地毯、地板等地面排版设计，铺贴平整、美观大方（图 33）。

（17）382 个卫生间无渗漏，墙地砖铺贴平整、地漏、洁具居中布置，做工精细（图 34）。

（18）设备安装规范整齐，排水沟做工精细（图 35）。

图 32　墙面饰面

图 33　地面排版设计

图 34　卫生间

图 35　设备安装　　　　　　　　　　图 36　管线安装

图 37　支、吊架安装　　　　　　　　图 38　阀门、仪表安装

（19）管线安装提前策划，管道设备排列整齐，标识清晰醒目，穿墙封堵严密美观（图 36）。

（20）支、吊架安装牢固，管道及多节弯保温护壳制作精细美观（图 37）。

（21）阀门、仪表安装精准（图 38）。

（22）灯具、风口、喷淋、烟感等排列整齐、纵横一线（图 39）。

图39　灯具、风口、喷淋、烟感等排列　　图40　电梯厅设计　　　　图41　智能化网络通信

图42　第四批全国建筑业绿色施工示范工程　　图43　2018年江苏省城乡建设系统优秀勘察设计二等奖　　图44　2019年度行业优秀勘察设计三等奖

（23）电梯厅设计美观，电梯运行平稳，平层准确（图40）。

（24）智能化网络通信、会议、安全防范等多系统传输流畅，调试一次成功，构建智能建筑（图41）。

2.6　节能环保和绿色施工

工程按照节能专项设计图纸施工，经检测达到节能设计要求，检测报告符合要求，经节能专项验收合格。

施工过程秉承绿色施工理念，在节地、节能、节材、节水和环境保护等方面努力创建绿色施工示范工地。工程获"第四批全国建筑业绿色施工示范工程"（优良水平）（图42）。

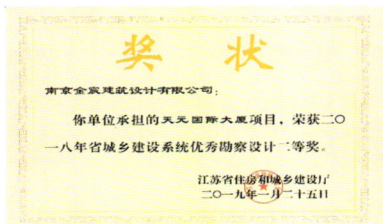

3　工程获奖情况与综合效益

3.1　工程获奖情况

（1）设计获奖

工程获"2018年江苏省城乡建设系统优秀勘察设计二等奖"，获中国勘察设计协会"2019年度行业优秀勘察设计三等奖"（图43、图44）。

（2）过程获奖

未拖欠进城务工人员工资，未发生任何安全责任事故。工程获2016年度"江苏省建筑施工标准化文明示范工地"，获"第四批全国建筑业绿色施工示范工程"（优良水平）（图45、图46）。

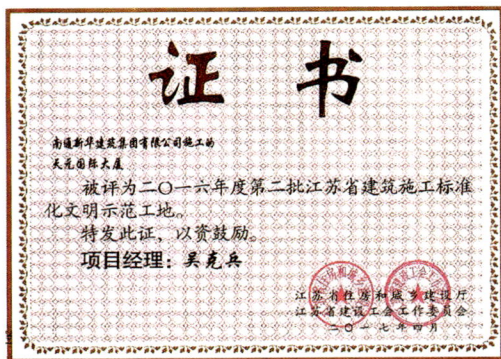

图45　江苏省建筑施工标准化文明示范工地

图46 第四批全国建筑业绿色施工示范工程   图47 国家专利

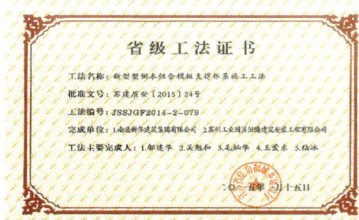

图48 省级工法   图49 建筑业新技术应用示范工程

（3）科技进步获奖

国家专利3项：建筑施工用的冷光源照明灯、一种建筑工地隔离栏、一种建筑工程用警示牌（图47）。

省级工法2项：新型型钢木组合模板支撑体系施工工法、自动化楼层防护门安装施工工法（图48）。

工程获江苏省建筑业新技术应用示范工程（应用水平国内领先）（图49）。

QC成果：省级1项，市级1项。《提高大厅大截面独立柱施工质量》获2015年度江苏省工程建设优秀QC成果三等奖。《提高地下室单侧支模施工合格率》获2016年度南京市工程建设优秀QC成果二等奖。

论文2篇：省级二等奖1篇，省级三等奖1篇。《天元国际大厦承插型盘扣式钢管支架施工技术》获南京市优秀论文二等奖、江苏省三等奖；《地下室外墙局部单侧支模施工技术》获南京市优秀论文二等奖、江苏省二等奖。

（4）施工质量获奖

工程获南京市2017年度"优质结构工程"、2019年南京市"金陵杯"、2019年江苏省优质工程"扬子杯"、2020年国家优质工程奖（图50）。

3.2 经济效益

工程投入运营后达到很好的经济效益，达到项目预期，年营业收入达1.5亿元，年利润达5000多万元，为国家和南京市的税收贡

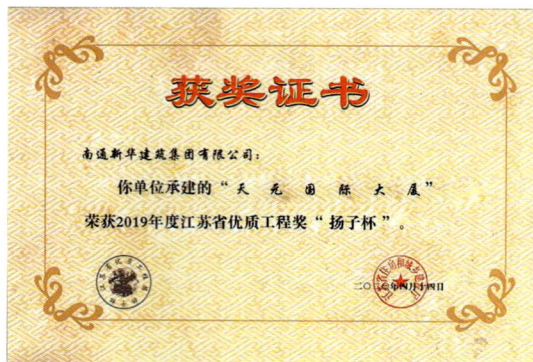

图50 2019年江苏省优质工程"扬子杯"

献达 1000 多万元，为社会提供了近千个工作岗位。

3.3 社会效益

工程投入运营后在社会上产生了积极效果，进一步完善了周边环境和项目建设地的城市中心区域功能，创造了良好的投资环境和经济氛围，吸引了更多的客户；为南京市的繁荣作出贡献；填补了南京市江宁区高端酒店物业的空缺，提高了该区域的酒店综合服务水平，对完善区域综合服务功能、带动地方经济发展起到了推动作用（图 51）。

（吴小聪　徐宏均　吴克兵）

图 51　项目夜景实拍

7. 苏州华兴源创电子科技项目（DK20140094 地块）车间、门卫工程 ——启东建筑集团有限公司

1 工程简介

苏州华兴源创电子科技项目（DK20140094 地块）车间、门卫工程（图1），地处江苏省苏州市工业园区港田路北、青丘街东，建筑面积55146.08m²，框架结构，地下1层，地上5层，于2016年9月8日开工建设，2018年8月31日竣工验收。本工程各环节建设手续齐全，符合法定程序，由苏州华兴源创科技股份有限公司投资建设；上海岩土工程勘察设计研究院有限公司勘察设计；苏州市时代工程咨询设计管理有限公司设计；苏州东大建设监理有限公司监理；启东建筑集团有限公司施工总承包；参建单位：苏州柯利达装饰股份有限公司（外装饰）。

本工程地下室主要功能为地下室停车场、设备用房；地上分A、B、C、D四个区，主要功能为办公和车间。

项目以纯正洁白简练的水平素带语言，创造了变换丰富的建筑空间，其优美、简洁、流畅的建筑造型，高效智能的研发生产功能，使华兴源创成为现代智能制造企业的标杆，引领现代制造企业走向智能制造，形成了城市独特的风景线（图2）。

造型上，建筑以方形为主体，将其交角倒圆，配以流畅的线条表达科技感。中间庭院随楼层逐渐向北放大，满足工作时的采光需求。方形轮廓配以圆形的内庭院，体现了天圆地方的传统理念。建筑在注重现代科技感的同时不忘体现圆方互融的中国传统文化的精神，同时也取棋局的象形，表达华兴长远的、有计划的发展策略，体现公司的文化"精彩的追求"。

本项目采用"水墨意境"理论，设计、施工过程中巧用光、善用色、显意境，在艺术探索和建造质量上均达到很高的水准。更难得的是，设计师的整体设计思路贯彻建筑造型和室内设计的始终，巧妙运用淡彩和精致的细节，让室内和室外空间得到流动的美感，让人们流连在清新脱俗的工作场所，徜徉在水墨意境的工作环境，尊享寒冬里给予的温暖和酷夏中给予的清凉；开放的内庭空间，促进了人们合作创新；注重团队协作的工作环境，更利于碰撞思想的火花，激发创作的灵感，工作更有效率（图3）。

图1 项目效果图1

图2 项目效果图2

图3 造型设计

工程为苏州工业园区商贸区十大招商引资重点项目，设计定位为高端工业制造和高科技办公综合体。

2 创建精品工程

在整个施工过程中，始终坚持"创优重策划，更要抓过程，功能须到位，细部费思量"的创优做法，建设"优质安全、实用高效、节能环保"的优质工程。

2.1 创优工程的组织保证及核心质量管理层的建立

由建设单位、勘察单位、设计单位、监理单位、总承包施工单位、分包方、上级质监部门共同组成本工程的创优组织责任主体，目标一致，共同协作，加强项目的综合管理。

建立由集团公司总工程师、项目经理、项目总工程师和安装技术总负责人以及各专业技术负责人组成的核心质量管理层，加上各专业技术施工人员，组成土建、装饰、安装专业质量创优体系，负责各自专业布局和相互之间的配合协调，包括工程质量、安全、工程功能保证、工艺亮点制造、资料收集整理等一系列综合性工作。

2.2 创优策划

由集团公司总工程师组织项目经理、项目总工程师及质保体系人员全程参与，充分发挥各层次技术管理人员的聪明才智和创优积极性。

首先依据工程的特点、重点、难点进行策划，努力使难点和特点成为工程质量的特色与亮点，在保证工程质量的前提下创造性地对细部、细节进行设想及二次深化设计，确定土建、装饰、安装各工种之间及其内部的布局以及相互交叉的重点环节。这样真正做到了对于空间狭小的部位或穿梁过板等土建结构复杂之处的提前策划，避免了各种管线施工困难，甚至破坏结构造成工程永久缺陷的隐患；装饰工程与安装之间紧密配合，精心布局，工程观感给人以艺术享受；就安装工程自身来讲，进行综合布局，特别在地下室、走道上方、机房等地方可使用联合支吊架，这样不仅可使安装风格浑然一体、走向有序、层次清楚分明，还可节约空间，减少创优成本；在地下室、机房、管廊、走道上方、电井、管井等处的安装工程进行综合布置，并用不同颜色的线条，绘出各处管线，标明标高方位，确认其实施的可行性，减少反复修整的情况。

其次制定分部分项工程的质量控制标准，为施工质量提供控制依据。在本工程的实测实量质量控制标准中，项目部就提出了主体混凝土实测实量合格率不得低于98%；砌体实测实量合格率不得低于95%；抹灰实测实量合格率不得低于98%；水电安装实测实量合格率不得低于95%等具体要求。

先后编制了总体目标策划、阶段性策划、分部策划、细部策划等，使策划工作贯穿于工程施工始终，彻底避免了通过事后寻找"精品""亮点"的尴尬局面。

2.3 分部分项工程创优实施控制

对项目质量管理提出了"高标准、细管理、严验收"的质量管理原则，在整个施工过程中，先后对地基基础工程中的桩基检测、主体结构工程中的钢筋混凝土结构及二次结构、钢结构、砌体工程、屋面工程、外装饰工程中的幕墙工程、室内墙面、顶棚与吊顶工程、楼地面工程、门窗工程、楼梯间、管井、电井及设备房、厨卫间、阳台等涉水房间、无障碍设施及室外工程共计 12 个部位进行重点关注，提出了针对性的质量要求和施工工艺控制实施内容，严格按照施工策划的要求进行落实和监督管控，对工程质量通病防治工作贯彻于工程施工的始终。不管过程多艰难，对工程的"精品""亮点"真正做到一次成优，避免出现通过事后反复整改造成高昂成本的现象。

2.4 施工难点、重点的把控

（1）地下室底板、墙板顶板要求一次成型

本工程地下室东西向长 120m，南北向宽86.70m，地下室底板、墙板、顶板未设置后浇带，为保证地下室底板、墙板的施工质量，为此，对 10680m² 地下室底板、墙板顶板通过设置膨胀加强带，优化混凝土配合比（限制膨胀率指标）（图 4），合理组织施工，实现无后浇带一次成型；采用新型遇水膨胀止水胶代替传统钢板止水带，简化了施工工艺，保证了施工缝防水质量。地下室使用至今无渗漏点的出现（图 5、图 6）。

（2）门厅采用钢与混凝土组合结构技术

本工程门厅梁柱采用了型钢与混凝土组合结构，型钢混凝土柱截面为直径 1000mm 圆柱，型钢柱采用十字型，型钢梁采用工字型钢，工序交叉多，20m 跨度的大梁混凝土浇筑振捣难度大。采用 BIM 技术对钢与混凝土组合结

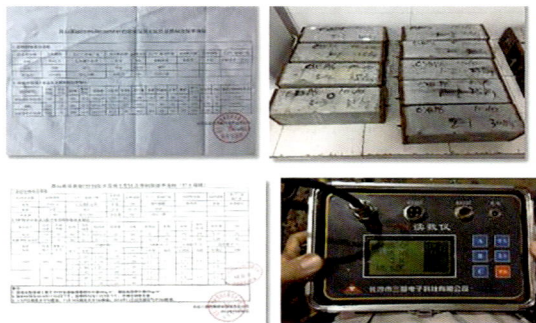

图 4 验证配合比试验（限制膨胀率）

图 5 项目现场组织

图 6 成型效果

构进行了有效建模，合理解决柱梁节点区钢筋的穿筋碰撞问题，确保节点良好的受力性能；混凝土选择由跨中向两侧分层浇筑的施工方法，有效地保证施工质量，加快施工进度（图 7）。

（3）外墙幕墙装饰新型材料的应用

本工程采用新型材料，面积达 10000m²，其中有大量的圆弧板，设计要求开缝安装，缝隙仅为 2mm，竖缝及墙面垂直度小于 5mm。项目部通过现场样板先行（图 8、图 9）、实地取样，优化施工工艺，组织有丰富经验的技术工人进行施工，做到挂贴牢固、表面平整、无色差、观感平顺、弧度自然（图 10）。

（4）非精装区域地坪要求一次成型，平整度要求高

本工程 15000m² 非精装楼面均为环氧地

图7　施工现场及 BIM 建模

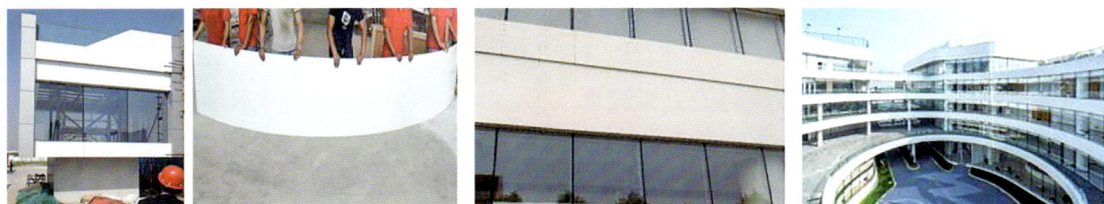

图8　样板先行　　　　　　　　　　图9　拼缝效果　　　　　　图10　圆弧板现场效果

坪，对平整度要求较高。在施工时，项目部组织专业地坪施工班组，采用激光整平机应用技术，楼面一次成型，大大减少了地坪的施工缝，做到无分仓施工，使地面的整体性更好，为避免地坪空鼓、开裂等问题，地坪垫层和面层采取一次浇筑成型，完成后的地坪平整度全部满足 3m 靠尺允许偏差 3mm 的要求，确保了质量，取得了良好的经济效益（图11、图12）。

（5）机电安装管线综合布置难度大

本工程机电工程系统多、安装复杂、质量要求高，在施工过程中，重点对地下室的布置、各功能用房、屋面、卫生间、电缆竖井、管井及顶相同等部位采用了 BIM 管线综合布置技术，运用计算机三维模拟深化设计和碰撞检查，实现了设计与施工之间的衔接，使安装风格浑然一体、走向有序、层次清楚分明，各类管线整齐有序、美观，避免支架的重新设置，节约材料，减少了质量成本，避免重复投入。

本工程机电工程系统多、安装复杂、质量要求高，在施工过程中，重点对地下室的布置、各功能用房、屋面、卫生间、电缆竖井、管井及顶相同等部位采用了 BIM 管线综合布置技术，运用计算机三维模拟深化设计和碰撞检

图11　现场实施

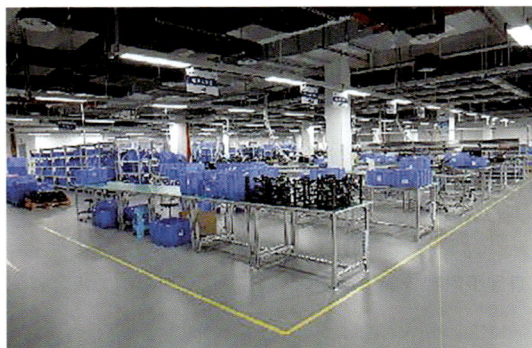

图12　实际效果

查，实现了设计与施工之间的衔接，使安装风格浑然一体、走向有序、层次清楚分明，各类管线整齐有序、美观，避免支架的重新设置，节约材料，减少了质量成本，避免重复投入。

工程采用各专业之间采用"管线布置综合平衡"法对各专业管线进行优化主要包括以下

要点:

1)对原图的认真解读和核对。

2)主要流程为:核图→避让→套图→剖面→标高→软件→专业图→三维对照→专业评审

3)管线避让的原则是水管、桥架、风管逐级避让,小管线让大管线,有压管线让无压管线,非主要管线让主要管线,可弯曲管线让不可弯曲管线,技术要求低的管线让技术要求高的管线。

4)管线及支架排布的原则是强弱电分走两侧,弱电避高压,车道少设管线且应量整齐对称。

成排管道、支架排列整齐,横成行,竖成线(图13)。

消防管道、给水管道支架吊杆设置规范可靠,标识清晰。水压试验一次成功。管道安装整齐划一,支吊架位置间距均匀一致,综合管线排布美观(图14)。

湿式报警阀组安装成排成线,阀门标高1.2m,下设排水沟(图15)。

水泵安装牢固,运行稳定,排列整齐(图16)。

风机、风管安装平整牢固,断面平行,风管连接可靠、成型美观(图17)。

屋面空调机组安装牢固,排列整齐,桥架与屋面连接规范、美观(图18)。

电气线路敷设整齐,连接顺直牢固,标识清晰,接线端子固定牢靠,接地装置可靠(图19)。

图13 成排管道、支架排列整齐

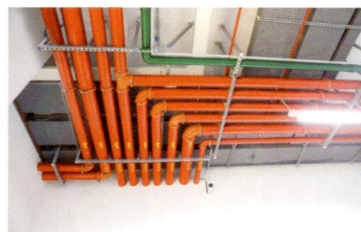

图14 支架吊杆设置

图15 湿式报警阀组

图16 水泵安装

图17 风机、风管安装

图18 屋面空调机组

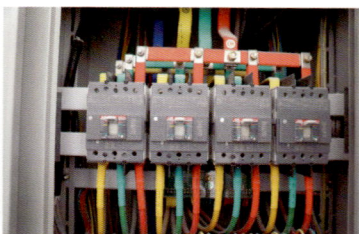

图19 电气线路敷设

2.5　实体质量

（1）桩基质量检测整体优良（图20）。

（2）钢筋下料准确规范、绑扎整齐、钢筋保护层精准（图21）。

（3）地下室采用超耐磨环氧面层，平整靓丽，色泽均匀，交通标志准确明显（图22）。

（4）现场沉降观测点设置精准、监测记录齐全（图23）。

（5）屋面刚性层表面密实、分割合理、坡向正确、防水效果佳（图24）。

（6）屋面空中花园精美别致（图25）。

（7）地下室采用导光筒，室内空间、电梯井、电梯厅、楼梯间自然通风采光（图26）。

（8）公共照明采用节能灯具，能耗低、能效高（图27）。

（9）会议室布局合理，装饰精致（图28）。

（10）智能化楼宇管理系统齐全、控制灵敏、运行正常（图29）。

图20　检测报告

图21　钢筋下料

图22　超耐磨环氧面层

图23　现场沉降观测点

图24　屋面刚性层

图25　屋面空中花园

图26　地下室

图27　公共照明

图 28　会议室

图 29　智能化楼宇管理系统

2.6　新技术开发、推广应用情况

本工程应用了住房和城乡建设部建筑业十项新技术，8 大项 15 子项；江苏省建筑业十项新技术，5 大项 6 子项。该工程于 2018 年 10 月通过了江苏省建筑业新技术应用示范工程验收。其推广应用技术整体水平达到了国内领先水平。通过新技术推广应用，提高了工程质量，缩短施工工期，增加了企业经济效益，节约资金投入 247 万元（表 1、表 2）。

本工程应用的住房和城乡建设部建筑业十项新技术　　　　表 1

住房和城乡建设十项新技术（采用八项）			
序号	应用名称	应用部位	数量
一	2.6 混凝土裂缝控制技术	地下室与主体	25591.45m³
二	3.1 高强钢筋应用技术	地下室与主体	3632.69t
	3.3 大直径钢筋直螺纹连接技术	钢筋工程	34526 个
三	4.10 盘销式钢管脚手架及支撑架技术	外脚手架	15000m²
四	5.5 钢与混凝土组合结构技术	主体	123t
五	6.1 管线综合布置技术	地下室通风	400m
六	7.3 预拌砂浆技术	内外墙	10000m²
	7.5 粘贴保温板外保温系统施工技术 （二）粘贴岩棉（矿棉）板外保温系统	外墙保温	5000m²
	7.9 铝合金窗断桥技术	门窗安装	3000m²
	7.10 太阳能与建筑一体化应用技术	室内热水系统	沐浴房
七	8.4 遇水膨胀止水胶施工技术	地下室防水	100kg
八	10.1 虚拟仿真施工技术	施工全过程	整个项目
	10.3 施工现场远程监控管理工程远程验收技术	施工全过程	3 处
	10.4 工程量自动计算技术	工程量计算	整个项目
	10.6 建设工程资源计划管理技术	施工全过程	整个项目

江苏省十项新技术（采用五项） 表2

序号	应用名称	应用部位	数量
一	3.1 新型板材外墙施工技术	微晶石幕墙	5400m²
二	5.3 超长楼地面整浇技术	地下室结构	20000m²
	5.6 原浆机械抹光技术	混凝土楼面	29000m²
三	6.3 高性能砂浆技术	墙面	1570m²
四	9.2 工地木方接木应用技术	模板工程	80m³
五	10.5 湿式混凝土喷射机	地下室基坑围护	3000m²

2.7 绿色施工示范

本工程开工时，项目部就制定了绿色施工专项方案，从环境保护、节能与能源利用、节材与材料资源利用、节水与水资源利用、节地与施工用地保护等方面制定绿色考核目标，做到净化环境、文明施工，预防和减少环境因素的影响，满足环境规定要求；严禁使用淘汰的施工设备、机具和产品；施工区域内照明，节能照明灯具的比率大于80%；合理安排材料进场计划降低材料损耗率，积极推广应用"四新"计划；所有用水部位均应配置节水设备；合理规划工地临时用房、临时围墙、施工便道及硬地坪，做到文明施工不铺张、不浪费，施工总占地面积控制在基坑面积120%以内。

2016年度通过江苏省建筑业绿色施工示范工程核准，达到优良水平，授予江苏省建筑业绿色施工示范工程。

2.8 创优各方责任主体的总体协调管理

优质工程是各方责任主体共同工作、互相配合、共同努力的结果，不是某一方单独能完成的。因此，要求各方责任主体在做好各自职责的基础上全力配合其他方的创优工作，以创优工作为第一要务。要求专业分包方与总承包方必须保持高度一致，总承包方加强对指定专业分包项目施工过程中的质量管控；积极主动作为，提前与业主方、监理

方联系沟通创优目标与方案，赢得他们的理解支持，力争在资金支付等多方面得到管控专业分包的有效抓手。在要求业主方选好配强有资质、有实力的专业分包队伍的基础上，项目部主动提供相关创优要求，提醒配合业主方在专业分包合同中签约明确具体的质量目标，并在业主方与监理方的共同见证下，做好项目部与专业分包的创优责任清单交底。交底清单明确目标要求、分包责任、违约处罚，多方最终签字确认。项目部依照确认的创优责任交底清单，落实专人采取旁站监督等多种形式，加强专业分包项目的技术指导，严格检查、督促整改、加强惩处，全过程管控专业分包施工质量。

3 本工程先后获得的各类成果

（1）2018年取得江苏省建筑业绿色施工示范工程证书（图30）。

（2）2017年获得江苏省工程建设优秀质量管理小组活动成果优秀奖（图31）。

（3）2019年取得江苏省建筑业新技术应用示范工程证书（图32）。

（4）2016年被评为江苏省建筑施工标准化文明示范工地（图33）。

（5）2019年取得《大面积纳米微晶干挂方法》发明专利证书（图34）。

图30 江苏省建筑业绿色施工示范工程证书

图31 江苏省工程建设优秀质量管理小组活动成果优秀奖

图32 江苏省建筑业新技术应用示范工程证书

图33 江苏省建筑施工标准化文明示范工地

图34 发明专利证书

图35 江苏省优质工程奖"扬子杯"

图36 国家优质工程奖

（6）荣获2019年度江苏省优质工程奖"扬子杯"（图35）。

（7）荣获2020年度国家优质工程奖（图36）。

（陈伟　王晔　靳亮）

8. 扬州中学教育集团树人学校高中部新建项目
——江苏扬建集团有限公司

1 工程概况

扬州中学教育集团树人学校高中部，是由扬州市教育局主管的一所民办学校，是江苏省三星级普通高中，也是全国教育科学"十二五"教育部规划课题、教育部中国教师发展基金会重点资助项目、全国重点实验基地、教育部中国教师发展基金会校本建设项目全国重点实验学校。工程位于扬州市开发区九龙湖路66号。

工程为框架结构，地下1层，地上5～6层，公共建筑（文教建筑），建筑最高高度32.1m，工程占地面积68672m²，建筑面积60761m²，由江苏扬建集团有限公司工程总承包（EPC）（图1）。

工程以"智慧、园林、绿色"为主题，规划形成"两轴四区五园"主要分区的空间布局，彰显现代江南建筑校园风格，结合现代、清新、精致、国际化的风格特点，以橙色、绿色、原木色为主基调串联设计，营造现代精致的气质形象（图2）。

本工程由扬州中学教育集团树人学校兴建，淮安东大勘测设计有限公司勘察，扬州市建卫工程建设监理有限责任公司监理，江苏扬建集团有限公司EPC工程总承包。工程于2018年9月28日开工，2019年5月28日竣工验收。

2 工程施工特点难点、技术创新情况

2.1 工程施工特点、难点

（1）工程工期紧、专业队伍多、标准要求高

1）工程总建筑面积63979m²，合同工期300d，实际施工工期仅为242d，满足学校使用需求。

2）工程涉及桩基、土建、幕墙、装饰、机电、市政、钢结构等专业，交叉作业量大，管理难度大。

3）四星级高中标准的校园建设要求高。

4）质量目标："国家优质工程奖"。

（2）EPC项目管理要求高

如何高效实施EPC工程总承包，实现设计、采购、施工之间的无缝衔接，达到"低成本建设，高品质建造"是一项全新的管理挑战。

（3）智慧校园

智慧教学、智慧图书馆、校园一卡通、智慧安防等智慧校园系统，智能化程度高，系统

图1 外景

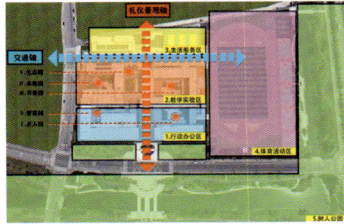

图2 "两轴四区五园"布局

复杂，施工调试难度大，其中智慧教学的云教学、云直播系统，疫情防控期间为学生的线上学习提供了有力保障。

（4）施工技术难度大、质量控制标准高

1）高支模量大、高度高。其中，屋面大悬挑结构平面尺寸 61.6m×6m，高度 24m；南门廊平面尺寸 42m×29m，高度 22.2m。

2）体育馆和综合楼采用型钢混凝土结构，其中包含 26m 跨型钢混凝土梁。

3）行政楼、教学楼楼板采用叠合板技术，施工质量控制难。

4）每层楼栋之间均由敞开式连廊和平台连接工程楼栋之间均由敞开式连廊和平台连接，连接处的节点防水要求较高。

5）连廊较长（最长 71m），顶面铝合金 U 形铝挂板数量繁多，铝挂板的平整度、平行度的控制施工难度大。

6）机电专业繁多，五个分部 20 多个子分部交叉施工，设备种类、管道规格众多，布置复杂，标高各异、安装空间小、难度大。如何利用有限的空间，对各类系统、管道的布置进行综合协调，是机电安装工程施工的重点与难点。

2.2 技术创新情况

（1）应用住建部（2017 版）10 项新技术 9 大项，36 小项。

（2）应用江苏省推广应用的建筑业新技术（2018 版）5 大项，11 个小项。

（3）工程应用了中国建筑装饰协会公布的 2019 年建筑装饰行业重点推广的 10 项新技术 8 大项。

（4）工程自主创新技术：获实用新型专利 1 项，软件著作权 7 项，省级工法 1 项、市级工法 2 项，QC 成果奖 3 项（图 3）。

3 工程质量情况

3.1 地基与基础

（1）基础预制混凝土方桩总数 1140 根。

（2）静载试验抽检桩数：41 根，抽检率：3.5%，抽检结果：单桩竖向抗压极限承载力统计值为 3200kN，单桩竖向抗压极限承载力特征值为 1600kN，标准值 3200kN，符合要求。

（3）桩身完整性检测：抽检率 30%，数量 343 根，全部为 I 类桩。

（4）基础钢筋约 3502.90 吨，复试：145 组，复试结果：全部合格。

（5）基础混凝标养试块 182 组，全部合格。同养试块：87 组，全部合格。

（6）抗渗混凝土标养试块 47 组，全部合格。

（7）沉降观测监测期数符合规范要求，最后 100d 沉降速率 0.001mm/d，沉降均匀已稳定（图 4）。

3.2 主体结构

（1）主体工程钢筋约 2776t，复试 101 批，复试结果：全部合格；

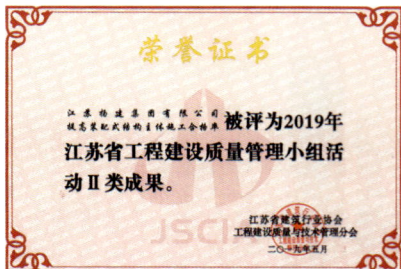

图 3　QC 成果奖

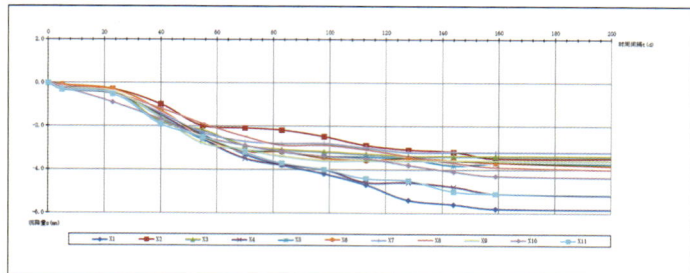

图 4　沉降曲线

（2）板混凝土保护层检测 222 点，合格 222 点，检测合格率 100%；

（3）楼板厚度检测点 111 点，合格 111 点，检测合格率 100%；

（4）结构构件几何尺寸满足设计要求，偏差均在允许范围内，观感质量好。

3.3　建筑装饰装修

幕墙物理性能检测结果，均符合规范及设计要求。硅酮结构胶相容性、螺栓抗拔等质量检测结果，均符合规范及设计要求。食堂、体育馆、教学楼、综合楼外立面采用的是铝板幕墙；行政楼外立面采用铝板幕墙及部分石材幕墙；外立面幕墙与主体结构连接牢固，整体性强；立面和造型平顺、挺拔，观感极佳。共选择 36 个测点进行室内空气质量检测，全部合格。

3.4　屋面工程

（1）屋面坡向正确，坡度符合设计要求，无积水。

（2）泛水上翻高度、收口等细部做法符合规范规定。

（3）屋面蓄水试验无渗漏，夏季连续暴雨无渗漏，排水正常。

（4）屋面观感质量好。

3.5　给水排水及消防

管道强度、严密性试验符合设计和规范要求，系统的各类接口及连接点均无渗漏系统的各类接口及连接点无渗漏；水箱闭水试验符合要求。设备安装位置合理、固定方式可靠，管道安装牢固，间距符合要求；消火栓系统安装位置正确，管道采用综合布置，油漆亮丽，色标齐全。生活饮用水经水质检测符合现行国家标准《生活饮用水卫生标准》GB 5749 的要求。排水管道灌水试验、通水试验、通球试验合格，无渗漏。保温材质和厚度符合设计要求，密封完好。

3.6　通风与空调

工程设置消防类风机 17 台，其他风机 320 台，空调内机 155 台，空调外机 10 套。各类设备安装规范，运行稳定。空调、送排风、防排烟系统调试合格、运行正常。

3.7　建筑电气

防雷接地、接闪器、引下线、接地体规范可靠，接地电阻测试符合要求；室外防雷接地测试点做工精细，安装规范合理。等电位安装符合设计及规范要求。

绝缘电阻测试阻值符合设计及规范要求。成套柜二次回路交流耐压试验、RCD 模拟试验、低压设备试运转、双电源切换试验、照明系统试运行符合规范要求。配电箱、灯具、开关插座、防雷、接地等观感质量好，公共走廊吊顶灯具、烟感、末端器具成排成线。

3.8　智能建筑

各系统信息通畅、信号控制准确，检测资料齐全。各系统使用正常，集成运行良好。消防联动运行良好，满足设计和使用功能要求。火灾自动报警与联动系统运行正常，动作准确可靠，满足设计和使用功能要求。设备、线路安装观感质量好。

3.9　电梯工程

共设 5 台电梯。电梯启动、运行、停止平稳、制动可靠，平层准确。经单机试运转、联动调试，均一次性验收合格，电梯质量保证资料齐全，验收合格。

3.10　建筑节能

（1）所有幕墙材料、屋面墙体材料等均试验合格，试验数量满足规范要求。

（2）围护结构节能检测符合要求。

（3）幕墙节能、墙体节能、屋面节能、照明配电节能等均验收合格。

（4）空调设备综合能效系数、配电电源质量、照明灯具效率、照度和功率密度值、能耗监测系统节能监控功能、智能照明等符合要求。

4 工程主要亮点

（1）主体结构梁、柱截面尺寸控制准确，阴阳角方正。ALC板接缝严密，安装平整、牢固，观感质量佳（图5）。

（2）门厅为大空间、大跨度结构，顶部设置钢结构–玻璃采光顶，使整个门厅更加通透（图6）。

（3）敞开式连廊及平台施工精细，采用防水涂料并在面层增加不锈钢水沟盖板，以疏导雨水为主的方法，整个连廊及平台不渗不漏（图7）。

（4）上人屋面采用防滑面砖排布合理、美观；分隔缝精心布置，混凝土无裂缝；透气管、避雷带、各类支墩等细部构造精良（图8）。

（5）39000m² 吊顶形式多样美观，GRG、铝方板、穿孔硅酸钙板、纸面石膏板吊顶安装牢固，平整对缝，接缝严密（图9）。

（6）在施工过程中使用了金属挂板吊顶安装施工工法，确保了 8600m² 的顶面铝合金U形挂板无翘曲、间距宽窄一致、观感美观（图10）。

（7）3500m² 陶铝吸声板墙面安装牢固、表面平整、缝隙一致、色泽均匀（图11）。

（8）17800m² PVC地板（LVT、LG静宝）及 5200m² 冰火板墙裙接缝平整、表面整洁美观（图12）。

（9）建筑幕墙板块排布合理、安装牢固、比例协调、线条清晰、接缝平顺、观感较好（图13）。

（10）施工过程中通过对功能及色彩的组合，使活泼、现代、简约的空间装饰风格及设计意图得到了完美的体现（图14~图18）。

图5 主体结构

图6 门厅

图7 敞开式连廊

图8 上人屋面

图9 吊顶平整对缝

图10 铝合金U形挂板

图 11　陶铝吸声板

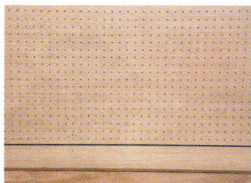

图 12　墙地面接缝平整

图 13　建筑幕墙

图 14　图书馆实景

图 15　报告厅实景

图 16　国际部阶梯教室实景

图 17　咖啡厅实景

图 18　实验室实景

（11）装配整体卫生间具有设计标准化、生产工业化、拼装干法化、安装整体化等优点，防水性能好、洁净干爽、耐用、隔热保温、低碳环保，节约工期（图 19）。

（12）基于 BIM 技术的专业软件对项目进行的深化设计，应用于主体结构、组合幕墙、设备和管线的综合布置（碰撞检测、处理，管线排列有立体层次等）。经过优化，对管线、设备综合排布，使管线、设备整体布局有序、合理、美观，最大程度地提高和满足建筑使用空间，降本增效（图 20）。

（13）地下室水管、风管、桥架排布合理、支架设置正确可靠，吊架采用 PVC 护套及装饰罩视觉效果好，管道油漆分色正确、标识齐全（图 21）。

（14）顶棚灯具、烟感、广播、喷淋头、风口、监控头排布做到纵横成线，极具视觉效果（图 22）。

（15）配电房整体布置整齐合理，配电柜排列整齐、规范，安装牢固，工作接地点做工考究、采用蝴蝶螺帽方便实用（图 23）。

（16）消防泵房安装美观，减振良好，螺

图 19　整体卫生间　　图 20　BIM 技术综合排布

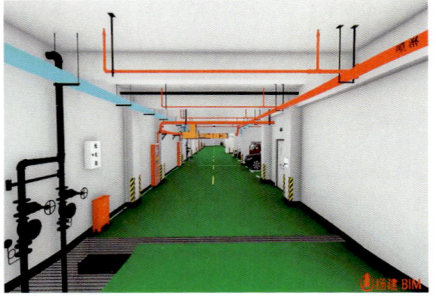

图 21　地下室管道　　　　图 22　室内吊顶

图 23　配电房布置整齐　　图 24　消防泵房　　　　图 25　风机房

栓外露丝头加装防护帽（图 24）。

（17）风机房设备就位平整、减振措施齐全、机口软接顺直、螺栓整齐统一、风阀距墙距离统一、支架独立设置（图 25）。

（18）配电箱柜安装接线规范整齐，导线与壳体隔离措施到位，标识齐全，接地可靠（图 26）。

（19）卫生间洁具按瓷砖模数排布居中定位、标高统一、洗脸盆下水预留位置精确，S 弯安装整齐划一（图 27）。

（20）避雷测试点精心设计防雷测试点精心设计、安装牢靠、使用方便、实用美观，测试螺栓、弹簧垫圈齐全（图 28）。

（21）自动报警控制器、CRT 等设备布置合理、排列整齐、安装牢固，消防智能化各系统信号通畅、运行稳定、报警及时、控制正确，经检测符合消防验收规范要求（图 29）。

（22）太阳能组件安装倾斜角准确，符合设计要求，组件安装平整，外观无损伤，布线规范，整齐美观；组串接插器连接牢固、布线整齐，防雷接地安装规范（图 30）。

（23）屋面设备安装整齐，冷媒管桥架防护，美观实用，减振良好，运行平稳（图 31）。

（24）电梯安装规范，运行平稳，平层准确（图 32）。

图 26　配电箱柜

图 27　卫生间洁具

图 28　防雷测试点

图 29　智能化系统

图 30　太阳能板

图 31　屋面设备

图 32　电梯设备平层准确

图 33　室外篮球场预制型橡胶跑道

（25）结合运动科学和材质要求，采用工厂预制工艺，能充分满足和体现运动员参与者对跑道的专业要求，高耐磨性、耐钉刺性能、防老化性能等优良的物理性能，采用预制型橡胶跑道，施工可控、工厂预制成型、环保、安全，取得中国田径协会田径场地认证证书（二类场地）；硅 PU 篮球场抗污强，坚韧密实（图 33）。

5　综合效果及获奖情况

5.1　获奖情况

（1）中国建筑工程国家优质工程奖；

（2）江苏省优质工程奖"扬子杯"；

（3）江苏省勘察设计行业"优秀设计"；

（4）扬州市"琼花杯"优质工程奖；

（5）扬州市建筑施工文明工地；

（6）江苏省建筑施工标准化星级工地；

（7）扬州市市级优质结构工程；

（8）江苏省省级工法 1 项，市级工法 2 项；

（9）授权专利 2 项；

（10）软件著作权 7 项；

（11）江苏省 QC 质量成果奖 3 项；

（12）江苏省土木建筑学会施工专委会"壹等奖"论文 2 篇；

（13）中国田径协会田径"二类"场地认证。

5.2　综合效益

该项目的建成为师生创造更好的学习工作环境，进一步提高教育质量，推动教育持续健康发展。可以不断推动扬州市中小学学校建设功能的完善和配套，使其更好地服务于学子，创造出更好的社会效益。

工程建造过程中，各参建单位始终遵循"适用、经济、绿色、美观"的建造理念。工程使用至今，结构安全可靠，系统运行良好，品质与使用功能得到业主和社会各界的一致好评。我们将以此为契机，砥砺前行，传承工匠精神，为社会奉献更多的优质工程。

（董红平　缪金蓉　汤蕾）

9. 扬州戏曲园（艺校改扩建）工程 ——江苏邗建集团有限公司

1 工程概况

扬州戏曲园艺校改扩建工程位于扬州市四望亭路南侧、新城河东侧。项目整合扬剧、木偶、扬州评话、扬州清曲、扬州弹词等国家级戏曲曲艺非遗项目，汇集教学、培训、研究、展示、排练、录制、传承等功能；成为非遗传承、艺术展演和休闲旅游融为一体的文化集聚区（图1）。

工程由地库、ABCD#、E#、F#、H#楼组成，总建筑面积为72159m²，地下1层、地上1~10层，建筑高度最大49.6m，工程造价2.43亿元（图2）。

地下室平时为车库和设备用房，战时局部为人防。地上从功能上分为三个区，即校园区、展演展示区以及非遗传承中心区。工程内含一个800座大剧场，可满足戏曲、歌曲、曲艺、音乐会的演出需要，所有设备都要达到国内一流。

项目于2016年5月1日开工，2017年12月15日竣工。

由扬州文化艺术学校投资兴建，江苏筑森建筑设计有限公司设计，江苏苏维工程管

图1 项目外景图

图2 工程设计图

理有限公司监理，江苏邗建集团有限公司施工总承包。

2　工程设计的先进性

项目场地狭小，功能复杂。通过空中连廊或大台阶将各塔楼紧密联系，实现三大功能区的交流和共享（图3）。

门厅采用大面积的玻璃幕墙，使得观演的观众有一个很好的对外视线。前厅中，开敞的空间和大空间中的楼梯成为雕塑一般的构成元素（图4）。

结构体系采用型钢混凝土组合结构、大跨度钢桁架悬挑结构、拉索幕墙结构、X形分叉斜柱、组合楼板等，满足复杂造型、大空间功能的要求（图5）。

图 3　项目场地狭小

图 4　门厅

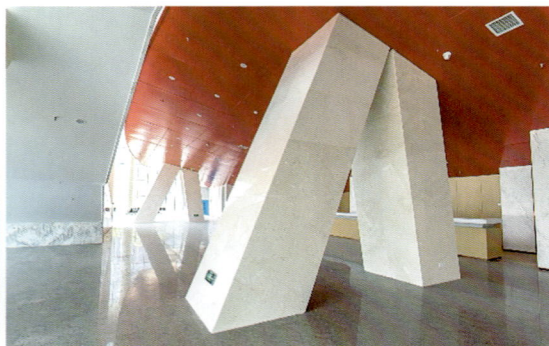

图 5　结构体系

3　工程施工的难点

难点 1：E 号楼北侧檐口采用钢桁架、压型钢板组合屋盖。外侧桁架最大悬挑端高度为30.2m，悬挑长度为 12.4m，吊装难度大，定位难度高（图 6）。

难点 2：工程内有多个挑空式中庭，最大挑高 14.7m，空间结构高空交叉作业量大，施工管控风险大（图 7）。

难点 3：石材、玻璃、铝板幕墙的表面平整度、垂直度、胶缝饱满度控制难度大（图 8）。

难点 4：外立面拉索式幕墙平整度、张拉的控制难度大（图 9）。

难点 5：戏曲脸谱图案印刷玻璃的连续拼

图 6　难点 1

图 7　难点 2

图 8　难点 3

接、定制竹子图案玻璃、石材、铝单板的阴刻控制难度大（图10）。

难点6：机电系统多，机房设备集中布置，管道密集、管线排布复杂。通过运用BIM技术进行模拟安装（图11）。

难点7：多专业、多工种交叉作业的综合协调管理。

4 新技术应用及科技创新

4.1 十项新技术应用

施工中应用"建筑业10项新技术"中的9大项18子项，创新技术3项，获"江苏省建筑业新技术应用示范工程"，取得了良好的社会、经济、环保效益。

图9 难点4

图10 难点5

图11 难点6

4.2 技术创新

工具式临时支撑及卸载装置，搭设快捷，实现桁架精准定位及卸载安全（图12）。

4.3 绿色施工

编制绿色施工方案，按照"四节一环保"五个要素中控制项进行实施，并建立记录台账，评价资料齐全。

加强对住宿、膳食、饮用水等生活与环境卫生的管理，明显改善施工人员的生活条件（图13）。

自动喷淋系统，并配合雾炮机相结合的方式，实现了扬尘的有效控制（图14）。

工具式安全通道、工具式大门、工具式操作棚、工具式防护，一次投入多次重复利用；有效利用建筑余料；达到节约材料的目的（图15）。

图12 工具式临时支撑及卸载装置

图13 绿色施工1

图14 绿色施工2

图 15　绿色施工 3

5　工程创优管理

5.1　质量目标

工程建设伊始根据施工合同及企业创精品工程的要求，项目部确定了创"国家优质工程奖"的质量目标。

5.2　施工管理措施

5.2.1　建设单位

建设单位建立完善的质量管理制度，监督各参建单位质量体系的正常运行，定期召开现场协调会，统筹协调各方配合问题。

5.2.2　设计单位

设计单位选派精干团队驻场，配合深化设计，及时解决技术问题，严把阶段验收质量关，使得建筑功能得到完美实现。

5.2.3　监理单位

监理单位认真履行职责，严格管控方案的批复流程；严把材料验收关；通过例会、旁站、不定期抽查等措施，规范验收资料及程序（图 16）。

5.2.4　施工单位

工程在开工初期，进行质量目标宣贯，坚持策划先行，实施全员、全过程、全方位的质量管理，并在施工过程中严格执行，确保工程质量始终处于受控状态（图 17）。

以总工程师为首，各部门参与，项目相关人员参加的创精品工程领导小组，着重进行创精品工程的策划，技术攻关和现场实施验证，成功解决了施工过程中的难题（图 18、图 19）。

通过目标分解、层层落实、严格把控，使质量管理贯穿工程建设的各个阶段，确保策划中的亮点得以实现（图 20、图 21）。

对工程的关键工序、特殊过程，编制专项

图 16　监理单位认真履行职责

图17 施工单位确保工程质量

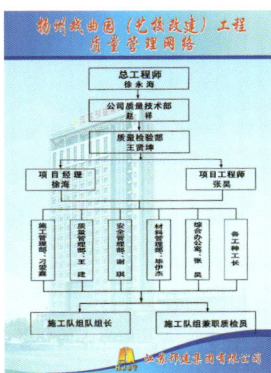

图18 质量管理网络　　图19 安全管理网络　　图20 施工策划方案　　图21 创优目标责任书

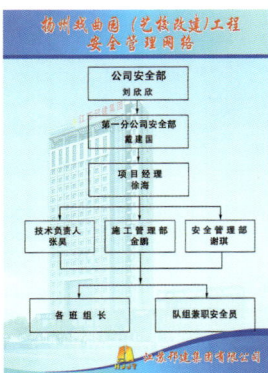

施工方案，对作业班组进行可视化交底，坚持实行"三检制"，对每道工序认真做好自检、专检、交接检的工作，确保过程受控。

推行质量样板引路制度，建立样板集中展示区，将工程中涉及的工艺、节点、构造通过实物展示；以点带面、统一标准、统一工艺，为大面积施工提供验收依据（图22）。

项目部根据本工程具体情况，结合《建筑工程细部质量控制标准》，制定了不同阶段的针对性细部质量保证措施（图23）。

5.3 创新"互联网+"质量管理平台

自主研发的综合信息管理系统，集成"规划组织管理、项目合同管理、成本控制业务、物资综合管理、机械设备、劳务管理、专业分包管理、进度产值管理、质量技术管理、安全环保管理"十大板块。

5.4 新技术BIM的应用

利用BIM对整个施工现场布置进行3D模拟，实现可视化。并对塔吊运行空间进行分析，实现动态布置，使平面布置更加合理化、规范

图22 质量样板

图 23　细部质量保证措施

图 24　3D 模拟

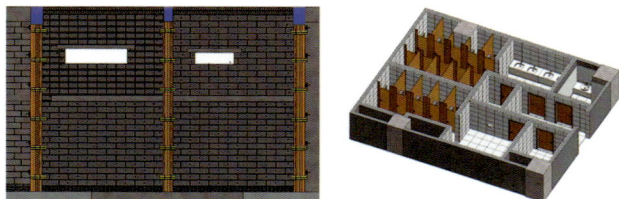

图 25　排版建模

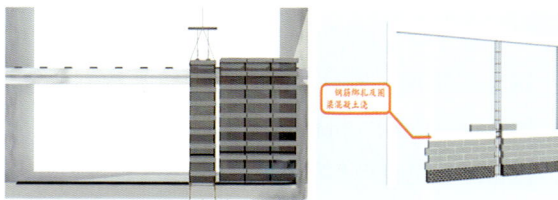

图 26　深化设计

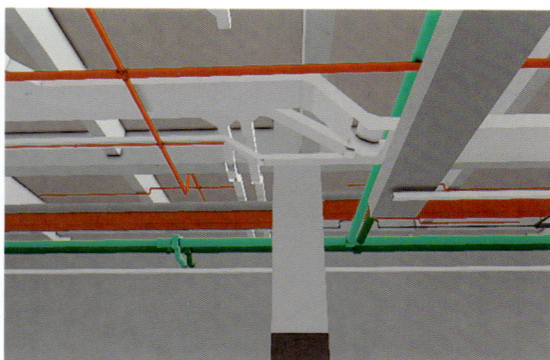

图 27　优化管线排布方案

化（图 24）。

对墙体、室内装饰等施工难点，进行排版建模，做到科学利用、合理布置，实现可视化交底（图 25）。

利用 BIM 技术对钢构件详图、梁柱节点连接方式等进行深化设计，通过 BIM 建筑模型进行钢构件试拼装和碰撞检查，避免不必要的返工，再通过施工模型加载建造工程、施工工艺等信息，进行施工过程的可视化模拟，对方案进行分析和优化，确保施工质量及施工安全（图 26）。

根据管线剖面图分析各个区域的净高，对净高过低的部位，提前优化管线排布方案（图 27）。

5.5　智慧化工地的建设

用创新技术打造"标准化管理""数字化工地"，实现智慧化工地，提升安全文明标准化施工水平。①运用 VR 安全体验馆进行虚拟仿真漫游，提升作业人员的安全防范意识。②以实名制劳务管理平台为基础，通过刷卡、"人脸识别"智能门禁系统，实时获取现场人员进出信息，自动统计分析，实现人员动态管理。

6 工程实体质量情况

6.1 地基与基础

桩基共 1111 根预应力管桩，检测 550 根，均为 Ⅰ 类桩（图 28）。

58 个沉降观测点，观测 17 次，最大沉降量为 9.6mm，最后 100 天的最大沉降速率值为 0.004mm/d，沉降已稳定（图 29）。

14358m² 地下室卷材复试检测均合格，使用至今无渗漏。

6.2 主体结构

主体结构内实外光、节点清晰。砌体表面平整，砂浆饱满，灰缝平直（图 30）。

钢结构构件安装、焊接、高强螺栓、防腐涂装等质量符合规范要求。实体检测合格率 100%（图 31）。

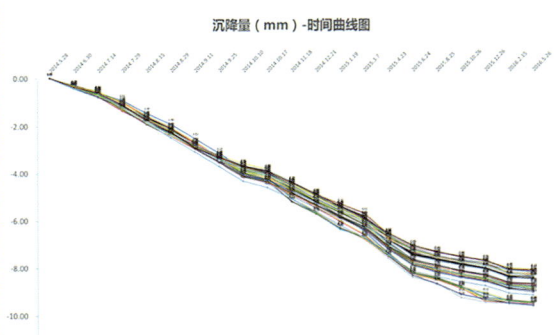

图 28 地基与基础

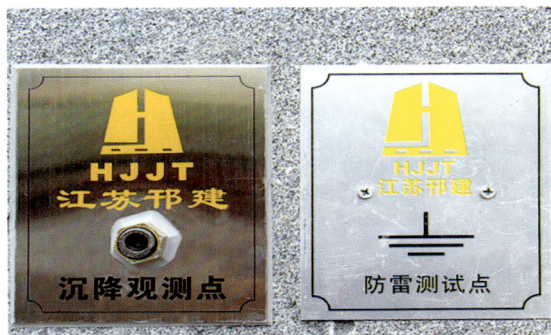

图 29 沉降观测点

图 30 主体结构

6.3 建筑装饰装修

29680m² 玻璃幕墙、石材幕墙、安装牢固，表面平整，色系一致，胶缝饱满、边角清晰、排版美观、无渗漏（图32）。

81747m² 涂料饰面阴阳角顺直，涂刷均匀、无污染、无开裂现象（图33）。

6200m² 吸声板墙面安装牢固、表面平整、缝隙一致、色泽均匀（图34）。

8500m² 石材干挂墙面安装牢固、表面平整、缝格准确、无裂痕和缺损（图35）。

3480m² 石材地面粘贴牢固，无空鼓，表面洁净、平整、无磨痕，接缝均匀，周边顺直，板块无裂纹（图36）。

2800m² 木地板铺装坚实平整，拼接严密，纹路清晰（图37）。

14358m² 地下室耐磨地坪平整光洁、色泽

图31 钢结构构件

图32 幕墙

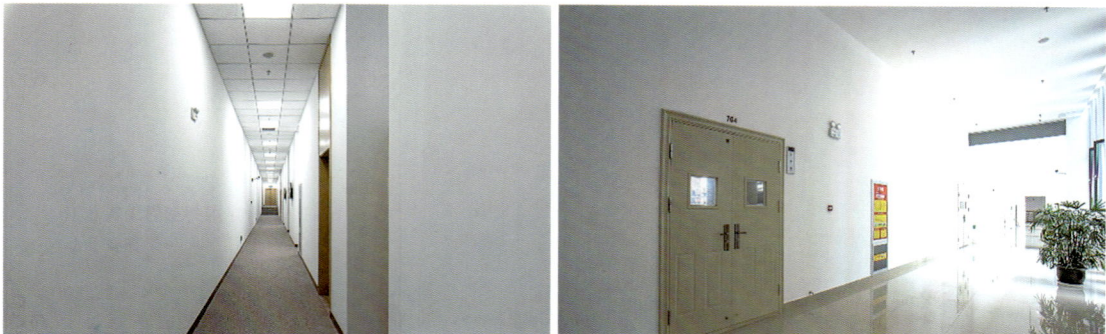

图33 阴阳角

图 34　吸声板墙面

图 35　石材干挂墙面

图 36　石材地面

图 37　木地板铺装

均匀、细部美观、无空鼓裂缝（图38）。

14140m² 顶棚形式多样、GRC 吊顶造型美观；铝方板、纸面石膏板吊顶平整，灯具、烟感、喷淋等排布成行成线（图39）。

卫生间墙、地砖对缝整齐，卫生间洁具排布整齐，居中对缝。地漏套割准确，平整牢固（图40）。

楼梯踏步铺贴平整，高度一致，相邻踏步尺寸一致，滴水线分色清晰、顺直，楼梯栏杆安装牢固（图41）。

6.4 屋面工程

屋面分格缝设置规范，坡度及坡向正确，排水通畅；设备布置合理，面层整洁美观（图42）。

6.5 建筑给水、排水及供暖

共用支架安装牢固、排布间距合理，规范美观（图43）。

图38 地下室耐磨地坪

图39 顶棚形式多样

图40 卫生间墙、地砖

图 41　楼梯踏步铺贴

图 42　屋面分格缝

图 43　共用支架

穿墙管道、桥架密封做法统一、规范，防火封堵严密，洞口收口环径相等（图 44）。

6.6　通风与空调

泵房、机房空间布置合理，管道排布整齐、有序，标识醒目，高度一致（图 45）。

6.7　建筑电气

配电箱（柜）安装位置牢固，部件齐全，接线正确，防火封堵严密，排布整齐，接地安全可靠、标识清晰（图 46）。

屋面避雷带安装平整顺直，焊缝饱满，固定点支撑件间距均匀，高度一致，避雷引下线标识清晰，编号齐全，室外防雷测试点，施工规范（图 47）。

6.8　智能建筑

各智能化系统配置符合图纸设计要求，信号准确，联动良好，运行稳定（图 48）。

图 44　穿墙管道、桥架密封

图 45　泵房、机房空间布置

图 46　配电箱（柜）安装

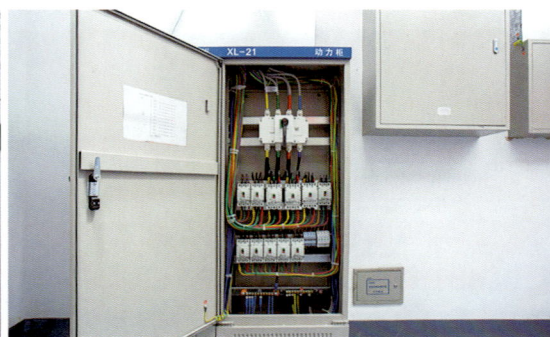

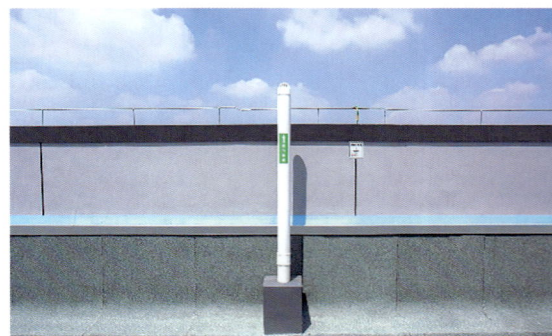

图 47　屋面避雷带安装

图 48 智能化系统配置

图 49 电梯安装牢固

6.9 电梯工程

电梯安装牢固，运行平稳，平层准确，经特种设备检测中心检测及年检合格（图 49）。

6.10 建筑节能

屋面聚氨酯喷涂保温；外墙岩棉保温；外窗断桥铝合金、中空玻璃幕墙，实现最佳的节能、保温效果。

7 工程技术资料情况

本工程共包含 10 个分部，41 个子分部。125 个分项工程，4086 个检验批，一次通过验收，合格率达到 100%。随工程完成 167 卷技术资料，三级目录齐全，分类及编目清晰、完整、真实有效，具有可追溯性。

8 工程获奖

工程获得国家优质工程奖、江苏省优质工程扬子杯、江苏省优秀设计、江苏省安全文明工地、江苏省新技术应用示范工程、全国 QC 小组活动一等奖、省级工法 1 项。

（赵祥 王贤坤 张跃）

10. 苏州市第五人民医院迁址新建工程
——中亿丰建设集团股份有限公司

1 工程概况

苏州市第五人民医院迁址新建工程位于相城区太平街道，康元路与227省道交叉口，是一所"大专科、小综合"型三级甲等医院，医院集医疗、科研、教学与康复为一体的"三级"传染病医院，是2015年度苏州市政府重点民生项目。

此次"新冠肺炎"疫情期间，苏州市第五人民医院作为苏州唯一的三级传染病医院，收治苏州大市范围内所有新冠肺炎患者，为我市疫情防治工作作出了巨大贡献，是疫情的"追赶者"，苏州抗疫的"守门人"。

工程总建筑面积74799m²。工程地下1层，地上5~11层，最大建筑高度49.50m，总造价2.53亿元（图1）。

工程于2015年9月8日开工，2018年12月13日竣工。工程伊始就明确"国家优质工程"的质量目标。

2 参建单位（表1）

参见单位名单　　　表1

建设单位	苏州市第五人民医院
代建单位	苏州建设（集团）有限责任公司
设计单位	深圳市建筑设计研究总院有限公司
监理单位	苏州中润建设管理咨询有限公司
施工单位	中亿丰建设集团股份有限公司（总包）
	苏州柯利达装饰股份有限公司（参建）

图1　工程外景

3 设计先进性

3.1 安全、高效、实用的功能设计

总体布局使医院各功能组团具有较好的灵活性和扩展性，既能独立开展工作（图2）。

按照基地的特征，立足于传染病医院的特点，将用地划分为三个区域：西部污染区，中部半污染区，东部洁净区。

（1）各区有不同的出入口，各出入口到达各功能分区快速、高效、便捷，减少了交叉感染的机会（图3）。

（2）入院就诊的各病种病人、探视、行政、

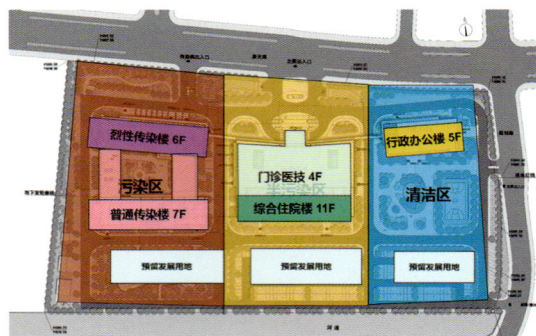

图2　总体布局

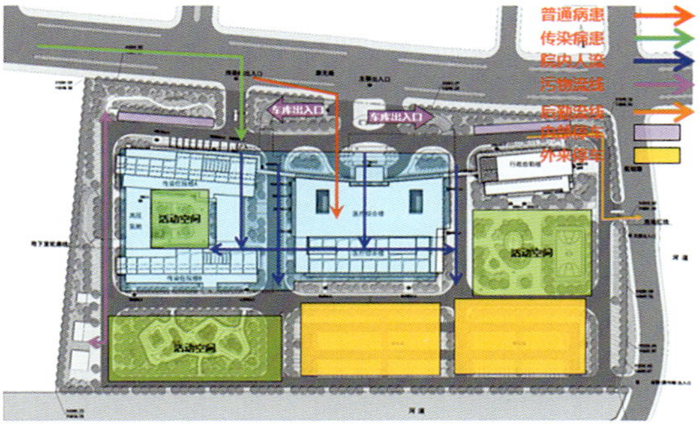

图 3 出口设置

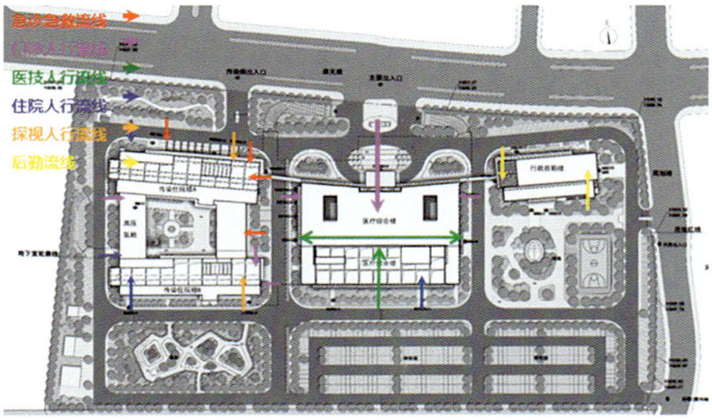

图 4 各行其道

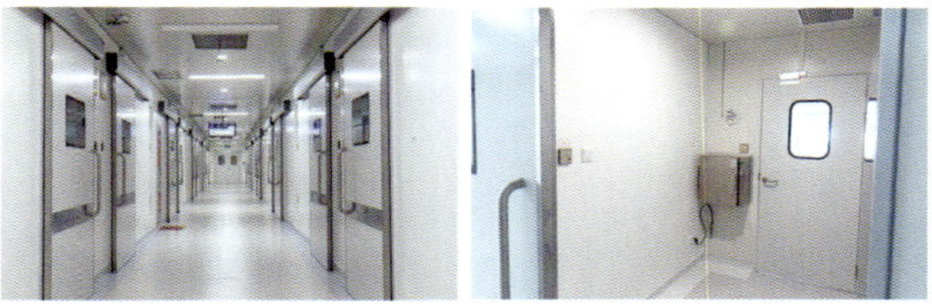

图 5 负压病房

图 6 气动物流传输系统

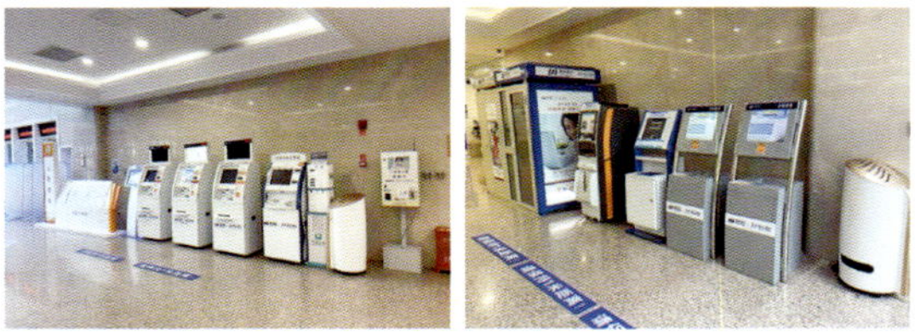

图 7 智能化医疗系统

洁物、污物各行其道。其优点是：各部门联系方便，交通便捷，减少了地面交通面积用地，使住院病人与门诊病人路线分开，避免交叉感染（图 4）。

（3）负压病房的设计：

1）洁净技术：通过空气隔离的洁净技术，在病房内外形成气压差，使污染区空气低于非污染区空气压力，防止病菌向外扩散。

2）严格的医患流线：医护人员、患者、洁污物资均有各自独立出入口和严格的流经路线，负压病房尽端就高布置。

3）合理的功能分区：设置工作人员生活区（清洁区）、工作区（半污染区）、病房区（污染区），各区既独立又相连，连接处设置缓冲区，并由隔离门隔离（图 5）。

3.2 智慧医院

（1）气动物流传输系统

以气压为动力，通过密闭管道传输各种物品，由计算机实时监控的自动控制系统。在传输血浆和玻璃制品等易碎物品时，可以进行调速，物品运输高效、安全、准确（图 6）。

（2）智能化医疗系统

48 个物流站点，22 台自助终端机，药房自动化等系统运行良好，挂号、取单自助服务，智能化医疗水平高（图 7）。

4 工程重点、难点

4.1 多专业综合管线布置技术

安装专业多，安装量大，各种设备材料数量巨大，管线复杂，对空间净高影响大。

本工程机电安装采用 BIM 深化设计，从预留预埋、机电综合等阶段进行深度运用。具体表现为管线设备合理布局、管道支吊架、设备优化选型，降低了机房及设备间通道主管线设备使用空间。解决碰撞点约 604 处，减少返

图 8　冷冻机房修改前后对比

工及材料浪费，节约成本（图 8）。

4.2　地下室大面积耐磨地坪裂缝控制

地下室采用耐磨地坪，建筑面积 8300m²，最大长度 200m，对地坪的平整度、裂缝控制要求高。

1）原材料控制：严格控制进场材料质量，避免由于水泥水化热过高、沙石骨料等材料原因造成碱骨料反应引起混凝土体积膨胀而产生裂缝，氯离子的侵蚀引起钢筋锈蚀造成混凝土开裂。

2）基层控制：严格控制地基施工质量，使地基平整度、密实度、垫层材料、垫层含水率符合设计、规范要求，防止由于地基、垫层质量不合格造成混凝土地面出现裂缝。

3）切缝控制：混凝土初凝后 48h 内及时对混凝土地面进行分隔缝的切割，减少由于混凝土凝固过程中产生的内应力将混凝土地面拉裂。切缝间距不大于 6m，结合柱中线设置，缝宽 5mm，缝深 6~10mm（图 9）。

4.3　医院净化系统的设置要求高

医疗综合楼洁净手术室分别独立设计排风系统，排风口设置在顶部天花板，其中负压手术室全送全排，室内空气不再循环使用；负

压手术室及辅房的排风口配置高效过滤器。传染住院楼 ICU 负压手术室独立设计排风系统，排风口设置在顶部天花板及侧墙下部排风口设置在顶部天花及侧墙下部，排风口配置高效过滤器；各负压病房及对应缓冲前室、医护通道合用一套排风系统，排风机组一用一备，排风口配置高效过滤器。

每台净化空调机组均配置一套二通调节阀，进口温、湿度探头，通过自动控制器来控制二通调节阀的开启度实现恒温恒湿。机组热水在热段回水总管上设置电动二通调节阀，并通过自动控制器来控制，灭菌防菌三级有效安全过滤保证（图 10）。

5　工程创优管理

施工过程中紧紧围绕质量目标，采取了以下措施：

全面策划：认真进行创优策划，层层分解目标，推行首件样板引路控制，严格样板标准，确保一次成优。

科技引领：成立技术小组，组织国内顶级专家顾问团对现场技术难点施工进行指导，注

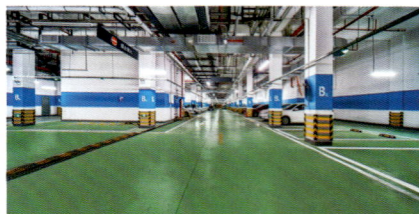

图 9　地下室大面积耐磨地坪

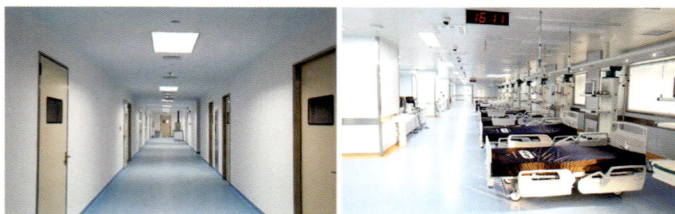

图 10　医院净化系统

重技术创新，积极推广应用新技术、绿色施工、建筑节能。

过程落实：成立创优及 QC 活动小组，进行质量攻关。强化过程动态管理和细部质量控制，节点考核，落实责任。

打造品牌：标准化施工，过程精品，提高项目管理水平和能力，强化系统管理，创建品牌工程。

6　新技术应用

施工中积极推广应用了住建部建筑业 10 项新技术中 8 大项 17 小项及江苏省 10 项新技术中的 3 大项 6 小项，其他新技术 3 项，并通过了"江苏省新技术应用示范工程"验收。

7　工程质量情况

7.1　地基与基础工程

本工程基础采用桩承台基础，主要有管桩及方桩，地库区域管桩采用 PHC500 预应力高强混凝土管桩 1322 根，450mm×450mm 预制方桩 292 根（图 11）。地库区域抗压桩检测 17 根、抗拔检测 3 根，方桩抗压承载力特征值 800kN，方桩抗拔承载力特征值 400kN，管桩抗压承载力特征值 1350kN，静载试验检测合格。小应变全数检测，其中 I 类桩 1590 根，占检测桩的 98.5%，II 类桩 24 根，占检测桩

的 1.5%，无 III、IV 类桩；行政后勤楼管桩采用 PHC500 预应力高强混凝土管桩 111 根，静载检测 3 根，抗压承载力特征值 1500kN，静载试验检测合格。小应变全数检测，其中 I 类桩 100%。

本工程建筑设置 82 个沉降观测点，最大累积沉降量 −11.02mm，最近一次的最大沉降速率为 0.004mm/d，沉降稳定，符合设计及规范要求（图 12）。

地下室防水底板采用 2.0mm 厚 JS 防水涂料 + 聚乙烯丙纶防水卷材，地下室外墙采用 2.0mm 厚聚氨酯防水涂料 +2.0mm 厚自粘改性沥青防水卷材，地下室顶板采用 4.0mm 厚 APP 改性沥青耐根穿刺防水卷材。施工认真策划，严格控制，节点规范细腻，经淋水试验无渗漏现象。

地基与基础全部验收合格。

7.2　主体结构工程

工程结构安全可靠、无裂缝；混凝土结构内坚外美，棱角方正，构件尺寸准确，偏差 ±3mm 以内，轴线位置偏差 4mm 以内，表面平整清洁，表面平整偏差 4mm 以内，受力钢筋的品种、级别、规格和数量严格控制，满足设计要求，墙体采用 ALC 蒸压砂加气混凝土砌块，砌体工程施工中，严格按标准砌筑及验收，垂直、平整度均控制在 5mm 以内。

工程共取 C15 标养试块 27 组；C20 标养试块 28 组；C25 标养试块 37 组；C30 标养

图 11　地基与基础　　　图 12　沉降观测点

图 13　主体结构分部工程

图 14　工程外幕墙

图 15　医疗板、石材等面层

试块 149 组，同条件试块 36 组；C35 标养试块 145 组，同条件试块 51 组；C40 标养试块 41 组，同条件试块 23 组；C45 标养试块 16 组，同条件试块 5 组；评定结果全部合格。检测钢筋原材料 4167.84t，复试组数 177 组，复试结果全部合格；直螺纹机械接头 85000 个，试验组数 255 组，检测结果全部合格。结构实体检测合格。

主体结构分部工程验收合格（图 13）。

7.3　建筑装饰装修工程

工程外幕墙由明框玻璃幕墙系统（外侧铝合金格栅），铝单板幕墙系统等组成。玻璃幕墙面积约 13156m²，铝板面积约 1400m²，安装精确，节点牢固，胶缝饱满顺直，幕墙四性检测符合规范及设计要求（图 14）。

医疗板、石材等面层装饰，纸面石膏板，表面垂直平整，阴阳角方正，接缝顺直，缝宽均匀；医疗板简洁大方，紧密对缝（图 15）。

石材、瓷质砖、PVC 卷材等，石材及地砖均做防碱背涂处理，拼缝严密、纹理顺畅；PVC 卷材铺设平整、收边考究（图 16）。

铝板吊顶、石膏板吊顶。吊顶接缝严密，灯具、烟感探头、喷淋头、风口等位置合理、

图 16　石材及地砖

美观，与饰面板交接吻合、严密（图 17）。

7.4　电梯工程

本工程共设置 20 台直梯，电梯前厅简洁大方，木饰面墙面与电梯门套相结合，地面采用石材对缝铺贴，色调和谐统一；电梯运行平稳、平层准确、安全可靠（图 18）。

7.5　屋面工程

屋面防水层级为 I 级，防水层采用 3 厚自粘改性沥青聚酯胎防水卷材、1.5 厚聚氨酯防水涂料（种植屋面采用 4 厚 APP 改性沥青耐根穿刺防水卷材）；保温层采用 65 厚挤塑聚苯板保温层（燃烧性能 B1 级）。防水节点规范细腻，防水工程完工后经闭水试验，使用至今无渗漏（图 19）。

7.6　建筑电气工程

11789m 母线、桥架安装横平竖直；防雷接地规范可靠，电阻测试符合设计及规范要求；728 个箱、柜接线正确、线路绑扎整齐；灯具运行正常，开关、插座使用安全（图 20）。

7.7　给水排水工程

92914m 管道排列整齐，支架设置合理，安装牢固，标识清晰。给水排水管道安装一次合格，主机房设备布置合理，168 组水泵整齐一线，安装规范美观，固定牢靠连接正确。污水按不同水质，采用不同的处理流程，污水处理消毒剂采用次氯酸钠（图 21）。

7.8　通风与空调工程

支吊架及风管制作工艺统一，32815m² 风管及 25906m 空调管道连接紧密可靠，风阀及消声部件设置规范，各类设备安装牢固、减振稳定可靠，运行平稳（图 22）。

图 17　铝板、石膏板吊顶

图 18　电梯

图 19　工程实拍

图 20　母线、桥架安装横平竖直

图 21　管道排列整齐

图 22　支吊架及风管

图 23　智能化子系统

7.9　智能化建筑工程

11 种智能化子系统多重安全方案，高效数据管理，设备安装整齐，维护和管理便捷，布线、跳线连接稳固，线缆标号清晰，编写正确；系统测试合格，运行良好（图 23）。

7.10　节能工程

建筑外墙采用 ALC 加气块外贴 50 厚发泡水泥板；屋面保温层采用 65 厚挤塑聚苯板；幕墙采用 Low-E 中空玻璃＋铝合金断桥隔热型材；照明选用节能型灯具，智能控制。新风机组变频控制，水箱、风管保温严密，空调区域冷源采用蒸汽型双效吸收式一体化制冷机组。节能工程所用材料均符合设计和规范要求，施工质量好，围护结构节能构造现场实体检测，符合设计要求（图 24）。

8　工程特色及亮点

（1）门诊大厅米白色石材地面灰色石材镶嵌，石材地面套色分格铺贴、拼缝严密顺直、色泽协调一致，大厅宽敞明亮（图 25）。

（2）总长 70m，高度 10m "飞机翼" 异形铝合金格栅，安装精准、线条顺畅，丰富了立面形式，具有现代气息（图 26）。

图 24　节能工程

图 25　门诊大厅

（3）裙房屋面大面平整，坡向正确、排水通畅、无积水、无渗漏，设备布局合理、安装规范，节点处理细致美观（图27）。

（4）病房走道墙面采用 UV 光固化工艺医疗板，防火、耐腐蚀、自然环保绿色的装饰材料。地面同质透心 PVC 卷材，铺贴平整，表面 PU 处理，耐久环保（图28）。

（5）施工过程中采用 BIM 技术，将所有加工的管道通过二维码进行标识，方便现场装配（图29）。

（6）地下室墙面平整无渗漏点，涂料施工精细均匀；顶棚各种管道布局合理、规范、牢固；耐磨地面平整、分缝合理、无空鼓、无裂缝（图30）。

（7）吊顶排版合理，表面平整、无翘曲变形、拼缝严密、线角顺直；安装末端设备排列整齐、有序、美观（图31）。

（8）成品木门套工厂化生产，现场装配式施工，绿色高效。墙柱阳角部位人性化圆弧处理，安全美观（图32）。

（9）卫生间地面坡度正确，无积水、无渗漏，地漏套割精细、洁具居中布置（图33）。

（10）电梯厅整体简洁，木饰面与石材拼缝精细，门厅不锈钢防滑钉排列整齐、镶嵌牢固（图34）。

（11）屋面水泥自流平色泽一致，不空不裂，分格缝顺直，女儿墙根部弧形收边（图35）。

图26　异形铝合金格栅

图27　裙房屋面

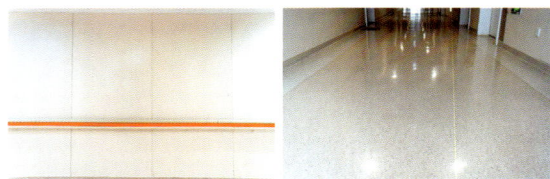

图28　病房走道、墙面

图29　管道二维码标识

（12）构架面层涂料简洁美观，滴水线清晰顺直（图36）。

（13）机电系统，二次平衡设计；管线排布层次清晰，间距均匀，标识正确清晰，保温严密，铝合金外壳虾弯、收口制作精良（图37）。

（14）设备安装牢固、接地可靠，减振设施到位，支墩美观居中，不锈钢水槽顺直、坡向正确（图38）。

（15）防火封堵密实，装饰圈精致美观，标识正确、清晰（图39）。

（16）设备安装布局合理、整齐统一，湿式报警阀组采用可弯曲不锈钢金属软管，成型美观。消防泵房采用了整体预制装配式施工技术，从 BIM 深化、部品件预制、物流运输、现场装配形成一套完整的装配式流程，通过三维扫描技术复核了 BIM 模型，使得深化设计精度达到 LOD400，也运用了项目综合管理平

图30　地下室墙面

图31　吊顶排版

图32　成品木门套

图33　卫生间地面

图34　电梯厅

图35　屋面水泥自流平

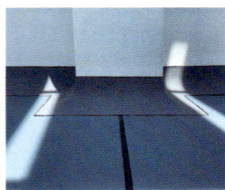

图36　面层涂料

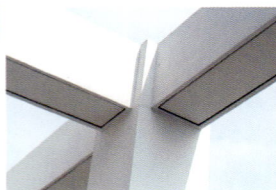

图37　管线排布

图 38　设备安装

图 39　防火封堵

图 40　设备安装

图 41　太阳能集热板

图 42　水泵房

图 43　污水处理站

图 44　电容集中补偿

图 45　变频冷却塔

图 46　低噪空调外机

台技术、部品件二维码识别技术等，总结了《基于 BIM 的装配式消防泵房研究》，获得了省级课题鉴定成果，评价达到了国内领先水平（图 40）。

9　建筑节能运用

在建筑节能、环保方面，设计开始就充分考虑到建筑运营的节能要求，采用多项绿色建筑技术，有效地降低了能耗（图41～图46）。

（1）医技综合、病房楼、行政后勤楼屋顶设置太阳能集热器，屋面太阳能集热器面积达1540m²，充分利用太阳能等可再生资源。

（2）充分利用市政供水压力供水，减少动力提升；合理分区，减少二次提升泵供水量及供水压力。

（3）设置医院污水处理站，医疗污废水经处理后才能排放，保护环境，减少污染。采用节水型卫生洁具，控制使用水量。

（4）电容集中补偿技术：为改善功率因数，本工程采取低压侧电容集中补偿措施，补偿后10kV侧功率因数可达到0.93以上。

（5）变频控制技术：地下室的生活水泵、屋顶冷却塔采用变频控制。

（6）低噪声设备的运用：通风及空调系统均采用低噪声设备，采用超低噪声横流冷却塔，安装均采用减振、隔振措施。

（7）公共区域的空调设备送风管、传染住院楼的排风机吸入端均设置光氢离子消毒器对空气消毒净化，避免交叉感染。烈性传染病房设置独立的排风系统，下排风口为高效过滤风口。大厅采用全空气系统，送回风管道均设消声器。

10　工程获奖情况

本工程在建设过程中，获得2020～2021年度国家优质工程奖、中施协绿色建造设计水平评价成果二等奖、中国安装协会科学技术进步奖二等奖、中施协QC小组成果二等奖、江苏省优质工程奖"扬子杯"、2016年第一批江苏省标准化文明示范工地、江苏省新技术应用示范工程、江苏省安装行业BIM技术创新大赛二等奖、省级工法1项、国家发明专利1项、核心期刊论文1篇、省级优秀论文3篇。

（刘文娜　王磊　潘宋祺）

11.1# 厂房、1# 研发行政楼 —— 江苏永泰建造工程有限公司

1 工程概况

1# 厂房、1# 研发行政楼项目位于苏州市吴江经济开发区湖心西路 666 号。项目总建筑面积为 60343.76m²，结构为框架结构；其中 1# 研发行政楼建筑面积为 30493.8m²，建筑高度 23.9m，地下一层，地上五层；1# 厂房建筑面积为 29849.96m²，建筑高度 22.4m，地上四层。本工程造价为 1.55 亿元。工程于 2014 年 9 月 19 日开工，2018 年 1 月 5 日竣工验收，已顺利通过竣工备案，各项建设手续齐全。见图 1。

本工程建筑外形以富有美感的曲线穿插变化，主楼设置多个屋顶花园，营造生动、灵活、开放的研发、生产环境，主体间的建筑舒展大方，水平间的线条贯穿整个建筑，线条自由多变，形成独有的企业形象。整个厂区设置多个绿化庭园。见图 2~ 图 4。

1# 厂房、1# 研发行政楼项目工程建设单位为：苏州博众精工科技有限公司；勘察单位为：江苏苏州地质工程勘察院；土建设计单位为：苏州伟业建筑设计有限公司；内装修设计单位为：苏州金螳螂建筑装饰股份有限公司；监理单位为：吴江新世纪工程项目管理咨询有限公司；施工总承包单位为：江苏永泰建造工程有限公司，施工任务为除以下所述参建单位施工项目之外的土建、机电安装、内装修工程施工。

参建单位：苏州金螳螂建筑装饰股份有限公司，施工任务为内装修工程施工；江苏宜安建设有限公司，施工任务为暖通工程施工。

图 1 工程全貌

2 工程施工管理、主要技术难点及技术措施

（1）工期紧张、定位标准高。本工程建筑面积大，建筑单体多，作业面广，前后准备、

图 2 1# 研发行政楼南西立面

图 3 1# 厂房南、东立面图

图 4 1# 研发行政楼南立面及二层花园

中途设计变更，在这段时间内完成合同内的各项内容，难度较大，通过我们精心的组织合理而周密地进行施工部署，最终顺利地完成了工程的交付，达到了业主和设计的要求。

（2）需要配合协调内容多。本工程的参建单位较多，有土建、机电、装饰、弱电、市政、绿化等单位，在施工过程中，根据不同单位和不同区域的工作内容，做好技术、进度和工序方面的配合协调工作，配合工作面广量大，要求项目管理人员具备很强的综合协调、善于沟通的能力。

（3）本工程混凝土地坪面积大，达到36700m²；施工周期长，本分项工程的工期达到 90 天，工期压力大；交叉作业多，协调难度较大；冬期作业，混凝土易冻伤。混凝土地坪的施工质量控制难度大。

（4）工程地处江苏省苏州市吴江区，场内地基土淤泥质软，土层厚度较大，可达5~15m，易出现压桩机无法进入施工场地，或进场后由于沉桩场地处理不当，机械移位困难及出现大量工程桩偏位、倾斜，甚至出现断桩等难题。

（5）本工程外墙大面积涂刷真石漆，平整度控制难度大，既要保证平整度，也要确保墙面整体观感。

（6）装饰材料面广量大，质量通病预防控制难。

（7）大厅休息区、大堂异形人造石吧台自放线、钢架焊接、基层板制作安装再到面层人造石安装、打磨，需要克服弧面、曲面等异形面安装及人造石雕刻的困难，且需纯人工制作安装，要达到无缝拼接的效果对施工要求极高。

（8）卫生间防水施工量大，质量要求高；GRG 线条多为大型复杂异型，对施工工艺、人员技术要求高。

（9）要确保屋顶花园植物高成活率，蓄排水结构把控难、需根据屋顶水分、土壤、光照等因素条件确定苗木选择范围。

（10）设备吊装难。本工程设备型号、规格多，重量重，分布楼层广，其中大部分设备集中在楼顶和楼层设备用房内，设备水平、垂直运输量大，需要根据设备的外形尺寸和重量分别采取不同方案进行运输和吊装。

（11）管线综合深化难。本工程吊顶内有消火栓管道、喷淋管道、桥架、强弱电管线、供回水管道、凝结水管道及各类设备等。为了实现设计和施工之间的衔接，在有限吊顶空间内布置各系统，需要在施工前与装饰、设计有机协调，采用机电管线综合平衡技术，对施工图进行综合深化，统筹考虑，合理布局、定位，逐层分区域绘制"管线综合布置图"，确保施工中吊顶内各系统安装合理有序、整齐美观、检修方便。

3 工程质量情况

3.1 地基与基础分部

采用桩基础，桩型为预应力混凝土管桩，静力压桩施工工艺。抗压桩型号：PHC-500（110）AB-C80、PHC-400（95）AB-C80，共计 1382 根桩。桩顶标高从 -0.8m 至 -5.0m。混凝土强度等级：垫层 C15，桩芯 C35，后浇带 C35，其他 C30。基础抗渗等级为 P6，基础胎膜及地下室填充墙采用 MU20 混凝土标准砖，砖胎膜 M10 水泥砂浆，填充墙 M10 水泥砂浆。基坑土方开挖最大深度 5.5m，地下室防水等级为一级。地下室耐火等级为一级。

3.2 主体结构工程

工程为框架结构。框架结构混凝土等级 C30，二次结构混凝土等级 C25。1# 研发行政楼内外墙砌体采用蒸压加气混凝土砌块，1#

厂房内外墙采用混凝土多孔砖，内墙砂浆强度 M5 混合砂浆，外墙砂浆强度 M15 水泥砂浆。钢筋采用 I 级钢筋、II 级钢筋和 III 级钢筋。

3.3 建筑屋面分部

屋面防水等级为 II 型，屋面种植屋面防水等级为 I 级，屋面形式多样，有平屋面、上人平屋面、保温不上人平屋面、保温种植屋面。保温种植屋面防水材料采用 4 厚 SBS 耐根刺防水卷材（聚酯胎型）、涂刷 1.5 厚水乳型防水涂料。保温板采用 60 厚挤塑聚苯板。保温不上人平屋面防水等级为 II 级，防水材料采用 4 厚 SBS 改性沥青防水卷材（聚酯胎型）。保温板采用 60 厚挤塑聚苯板。平屋面、上人平屋面采用 1.2 厚高分子防水卷材、30 厚挤塑聚苯板。

3.4 建筑装饰装修分部

（1）本工程 1# 研发行政楼外墙面采用 25 厚干挂石材、干挂 1.5 厚铝合金板；清洁室、卫生间内墙采用瓷砖面层，白水泥擦缝；其余内墙采用涂料面层；地下室内墙、汽车坡道侧墙采用防霉乳胶漆；1# 厂房外墙喷（刷）外墙涂料，内墙卫生间采用 5 厚瓷砖白水泥擦缝，其他房间内墙刷白色乳胶漆。

（2）室内装饰主要（材料）为：乳胶漆面层、墙砖面层、石材面板、木饰面板、饰面砖、轻质隔墙；铝板吊顶、GRG、石膏板吊顶；白色平顶涂料、粉刷平顶、水泥砂浆顶棚；水泥地面、地砖地面、种植地面、架空楼板。

（3）门窗、幕墙做法：外窗采用铝合金断桥隔热型材 + 中空安全玻璃，内部采用铝合金玻璃组合窗、防火门、钢制电动卷帘门、复合夹板木门、模压木质门、铝合金百叶窗；幕墙采用透明断热铝合金玻璃幕墙；普通玻璃、钢化玻璃、夹层玻璃、磨砂玻璃。

3.5 建筑给水排水与供暖分部

（1）本工程建造标准较高，使用功能齐全，

机电安装部分主要包括给水排水、消防、电气、通风空调、电梯安装等多个系统。

（2）给水排水及供暖：本工程包括生活给水、热水、排水（雨、污水）系统。供水方式：生活水箱由市政水直接供水，其他生活给水由泵房内变频恒压供水装置供给。

（3）本工程消防系统包括火灾探测系统、火灾报警及联动系统、应急（疏散）照明、消火栓系统、自动喷淋灭火系统、防火卷帘系统、防排烟系统等。

3.6 智能化工程

本工程智能化系统共有 8 个子系统，其中的楼宇自控系统、中央集成管理系统、计算机网络系统、综合布线系统、电视监控系统、公共广播系统、机房建设系统、视频点播系统等，安装、调试技术要求高，是本工程的重点。

4 工程质量特色和亮点

亮点 1：现浇结构梁柱及顶板混凝土外光内实、阴阳角顺直。见图 5、图 6。

亮点 2：给水排水管道介质流向标识齐全，管道畅通，无泄漏。见图 7。

亮点 3：地下室管道布置整齐有序，层次分明，支架间距满足要求。见图 8、图 9。

亮点 4：幕墙、外窗的整体效果与建筑协调，整体性很好，与周围的建筑风格融为一体。见图 10。

图 5　梁柱　　　　图 6　顶板

图 7　给水排水管　　　　　　　　　　　　　　　　图 8　地下室通风管道安装

图 9　地下室管线桥架布置　　　图 10　外幕墙施工

亮点 5：大厅、走廊环境幽雅、风格清新简洁。见图 11、图 12。

亮点 6：大堂区域弧形墙面采用轻钢龙骨石膏板制作，通过精确的施工放线，能使不同弧度的墙面达到完美的衔接，通过巧妙合理的设置伸缩缝，最终既能达到墙面乳胶漆防开裂的要求，又能完美地保证整体的装饰设计效果。见图 13。

亮点 7：二、四楼 IT、研发部门会议室墙顶地采用定制图案（宇航员探索太空、吴江地图及亚特兰大机场平面图）满铺毯，充斥着科技感。见图 14、图 15。

亮点 8：一层接待会议室顶面采用大型 GRG 造型、软膜灯光，墙面弧形造型采用质感超强金属贴皮、超白焗漆玻璃，异形会议桌采用人造石现场加工制作完成，地面采用花纹满铺毯，整体营造出一种宏伟、大气的氛围；部门会议室顶面采用蜂窝铝板，墙面采用皮纹板、焗漆玻璃，地面采用块毯，整体营造出一种简洁的氛围。见图 16、图 17。

亮点 9：具有海洋、森林、沙漠等不同主题的开敞办公区顶面采用大小六角造型吊装，内部采用穿孔石膏板，造型色彩依据不同主题办公区而定，结构原顶采用白色弹涂；地面大面采用块毯同时依据不同主题采取不同定制图案的满铺毯进行拼接，整个办公区清新、明亮。见图 18。

亮点 10：吊顶上灯具、风口、喷淋头、烟感、广播布置整齐，间距合理。灯具美观、节能，安装牢固。见图 19。

图 11　大厅　　　　　　　图 12　走廊　　　　　　　图 13　纯人工制作安装，达到无缝拼接

图14　IT部门会议室　　　　图15　研发部门会议室　　　　图16　一层接待会议室

图17　部门会议室　　　　　图18　六角造型吊装

图19　吊顶效果图　　　　　　　　　　　　　　　图20　卫生间

亮点11：卫生间洁具与瓷砖分格，巧妙布置，感应装置节水美观。防水工程完工后经24h蓄水试验，使用至今无一渗漏现象。见图20。

亮点12：1#研发楼三层、四层屋顶花园及二层屋顶花园绿意盎然、生机勃勃，符合低碳、环保、绿色、可持续发展理念。见图21、图22。

亮点13：基地绿树成荫、山石小品、流水潺潺，施工精巧、既古色古香，又有科技元素。见图23。

图21　研发楼三层、四层　图22　二层屋顶花园　　图23　景观
屋顶花园

5 新技术应用与技术攻关

本工程应用了"住房和城乡建设部 10 项新技术"中的 8 大项，30 小项，"江苏省建筑业 10 项新技术"中的 2 大项，4 小项，并发掘了一些新技术，申报 10 项专利和 3 项工法。见表 1。

新技术应用申报表 表 1

新技术类型	序号	十项新技术名称	子项新技术名称	应用部位
住房和城乡建设部 10 项新技术（2010）	1	2. 混凝土技术	2.1 高耐久性混凝土	地下室、楼面、梁、柱
	2		2.4 轻骨料混凝土	屋面 1：8 水泥陶粒找坡
	3		2.6 混凝土裂缝控制技术	基础、柱、梁、板
	4	3. 钢筋及预应力技术	3.1 高强钢筋应用技术	部分梁、板
	5		3.2 钢筋焊接网应用技术	楼板
	6		3.3 大直径钢筋直螺纹连接技术	底板、楼面框架梁
	7		3.7 建筑用成型钢筋制品加工与配送	梁、柱、现浇板筋
	8	4. 模板及脚手架技术	4.1 清水混凝土模板技术	地下室
	9		4.3 塑料模板技术	墙、柱、梁、板
	10		4.4 组拼式大模板技术	墙
	11		4.5 早拆模板施工技术	楼板
	12		4.10 盘销式钢管脚手架及支撑技术	模板支撑
	13	5. 钢结构技术	5.1 深化设计技术	钢结构构件加工和安装
	14		5.5 钢与混凝土组合结构技术	钢结构工程
	15		5.7 高强钢材应用技术	钢结构工程
	16		5.9 模块式钢结构框架组装、吊装技术	钢结构工程
	17	6. 机电安装工程技术	6.1 管线综合布置技术	全部机电管线
	18		6.2 金属矩形薄钢板法兰连接技术	全部风管
	19		6.5 大管道闭式循环冲洗技术	空调水系统
	20		6.7 管道工厂化预制技术	机电安装
	21	7. 绿色施工技术	7.2 施工过程水回收利用技术	基坑工程
	22		7.3 预拌砂浆技术	二次结构
	23		7.5 粘贴式外墙保温隔热系统施工技术	保温工程
	24		7.8 工业废渣及（空心）砌块应用技术	二次结构
	25		7.9 铝合金窗断桥技术	外窗
	26	8. 防水技术	8.7 聚氨酯防水涂料施工技术	电梯井

续表

新技术类型	序号	十项新技术名称	子项新技术名称	应用部位
住房和城乡建设部10项新技术（2010）	27	10. 信息化应用技术	10.3 施工现场远程监控管理及工程远程验收技术	整个工程
	28		10.4 工程量自动计算技术	工程量预、核算、决算
	29		10.5 工程项目管理信息化实施集成应用及基础信息规范分类编码技术	整个工程
	30		10.6 建设工程资源计划管理技术	整个工程
江苏省10项新技术（2011）	31	3. 建筑幕墙应用技术	3.4 单元式幕墙应用技术	楼立面
	32	5. 建筑施工成型控制技术	5.1 混凝土结构用钢筋间隔件应用技术	结构施工
	33		5.3 超长楼地面整浇技术	结构施工
	34		5.4 耐磨混凝土地面技术	地下室

6 工程获奖情况及综合效益

本工程在建设过程中各种原材料均经过检测、复试，报告齐全，符合设计及施工规范标准要求。工程设计先进合理，获省级勘察设计三等级奖。工程施工质量管理措施到位，质量管理小组获得国家级一等奖。工程实体结构质量优质，获苏州市优质工程奖、江苏省扬子杯优质工程奖。装饰工程精工巧施，造型新颖，获得中国建筑工程装饰奖。基地绿树成荫、山石小品、流水潺潺，获得江苏省优质工程奖扬子杯。机电安装除具备提供基本的使用功能外，施工方能充分考虑到安装管线的观感质量，细微之处也不逊于装饰；建筑智能化为建筑物的可靠、安全使用提供了最强劲的软体保障，为建筑物的使用者提供了最贴心的呵护。建筑施工至今，业主方对建筑工程质量非常满意。见表2。

工程获奖情况   表2

序号	成果类型	成果名称	个数
1	技术难点攻关	①提高大面积混凝土地坪施工质量合格率； ②淤泥质软土地基静压预应力管桩施工工法	2
2	全国科技创新奖	①超大综合型防开裂装饰吊顶系统研究与运用	1
3	新技术应用	①2019年度江苏省建筑业新技术应用示范工程	1
4	质量特色	质量特色16个，细部亮点23个	39
5	质量奖	①2019年度江苏省优质工程奖"扬子杯"1项； ②2019年苏州市"姑苏杯"优质工程奖1项； ③2017年度苏州市吴江区"垂虹杯"建筑工程质量奖1项； ④2016年度全国工程建设优秀质量管理小组一等奖1项； ⑤2016年度江苏省工程建设优秀质量管理小组活动成果二等奖2项； ⑥2018年度江苏省城乡建设系统优秀勘察设计三等奖1项； ⑦2018年度苏州市城乡建设系统优秀勘察设计一等奖1项； ⑧二〇一七－二〇一八年度中国建筑工程装饰奖1项	9
6	安全奖	①2016年度江苏省建筑施工文明工地1项； ②2016年"AAA级安全文明标准化工地1项"	2

续表

序号	成果类型	成果名称	个数
7	省级工法	①淤泥质软土地基静压预应力管桩施工工法； ②超大跨度型钢混凝土梁分段吊装分层浇筑的施工工法； ③大面积"梳齿形"温度缝的钢筋混凝土地坪施工工法	3
8	专利	①一种 GRG 装饰板的悬浮吊顶装置； ②一种超大跨度型钢混凝土梁的施工构造； ③一种大面积保温外墙氟碳漆饰面构造； ④一种基于 BIM 技术的建筑装饰曲线工艺槽防开裂构造； ⑤一种室内装饰吊顶应力释放装置； ⑥一种淤泥质软土地基静压桩结构； ⑦一种基于 BIM 技术施工的卫生间构造； ⑧一种智能化多曲面人造石工作造型	8
9	BIM 技术应用	① 2019 年度泰州市第二届 BIM 技术应用大赛三等奖 1 项	1

我们将继续强化项目管理，持续发扬工匠精神，提高质量管理水平，为社会奉献更多更精的精品工程。见图 24、图 25。

图 24　扬子杯、工法、国家 QC、AAA 级工地、新技术、装饰奖

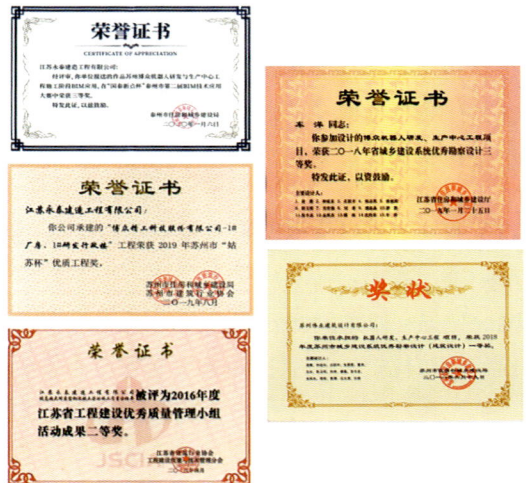

图 25　相关奖项

（朱水勇　丁建成　吉盛凯）

12. 澄星广场工程 ——江苏江中集团有限公司

1 工程简介

澄星广场位于无锡市江阴花山路与塘前路交界处，是江南名城江阴市标志性建筑，总建筑面积 8.45 万 m²，建筑总高度 41.6m；其中地上七层 45569.87m²，为商业、餐饮、电影院、物业办公等；地下三层 39061.64m²，地下一层为超市及设备用房，地下二层、三层为机动车停车库、设备用房。桩筏基础，钢筋混凝土框架结构（图 1）。

本工程于 2015 年 7 月 9 日开工，2018 年 6 月 11 日竣工交付投入使用。工程建设程序合法，建设手续齐全。

本工程由江阴市澄星房地产开发有限公司投资建设，江阴市建筑工程质量安全监督站监督，上海同济大学建筑设计研究院（集团）有限公司设计，江苏建筑设计研究院有限公司勘察，江苏赛华建设监理有限公司监理，江苏江中集团有限公司总承包施工。

2 工程特点和难点

2.1 工程特点

（1）本工程建筑平面布局合理，功能齐全，人车分流，与自然环境协调；建筑外形独特、简洁大气，通过石材转折和玻璃幕墙的结合，塑造出新型商业购物中心的典雅、时尚外观（图 2）。

（2）商业中庭设计新颖、布局美观，以不同形态和大小的中庭为主题，空间利用最大化（图 3）。

2.2 工程难点

（1）环境复杂、面积大、深基坑稳定控制难度大。基坑深度 −14.00m，局部深度 −17.50m，基坑面积约 12000m²，东侧紧邻小区，西侧为江阴市主干道花山路，支护稳定要求高，工程选用 609 钢管对撑系统，既绿色环保，又保证了基坑稳定安全（图 4）。

（2）地下室防水施工难度大。设计防水等级一级，迎水面面积达 25190m²，基础最大埋深 −17.50m，地下水压大，防水要求高；通过质量控制，本工程地下室无一渗漏，达到一级防水要求（图 5）。

（3）异形柱梁定位、模板安装难度大。29 根建筑高度 32.20m，大直径圆形混凝土结构柱定位控制准确、混凝土结构内实外光、观感好（图 6）。

（4）外立面玻璃斜面装饰，内层玻璃幕墙构造，随主体结构呈延伸造型，其精准定位是

图 1 工程外景

图 2 建筑平面布局

图3 商业中庭 　　　图4 环境复杂

图5 地下室防水 　　　　　　　　　图6 异形柱梁

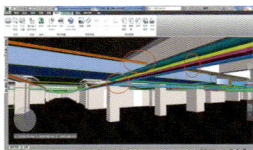

图7 外立面玻璃斜面装饰 　　　图8 管线安装

本工程的重点和难点（图7）。

（5）管线安装专业多、协调管控难、错综复杂、施工难度大、成品保护难度大。采用BIM技术深化设计，解决可能存在的碰撞、交错、施工关键工艺等问题（图8）。

3 建设过程质量创优管控措施

工程伊始，就确定誓夺"国家优质工程奖"的质量目标，建立了围绕建设、施工、监理单位为一体的工程质量管理保障体系。成立了创优领导小组，组建了专业齐全、精干高效的项目管理班子。建立健全现场质量管理体系，将创优目标逐层分解、量化到人。认真履行公司"策划先行、样板引路、过程控制、持续改进"的管理方针，实施精细化施工，一次成优，确保质量目标的实现（图9）。

设立关键部位质量控制点，严格工序把关，开展QC质量小组活动，应用"四新"技

图9 电气材料展示

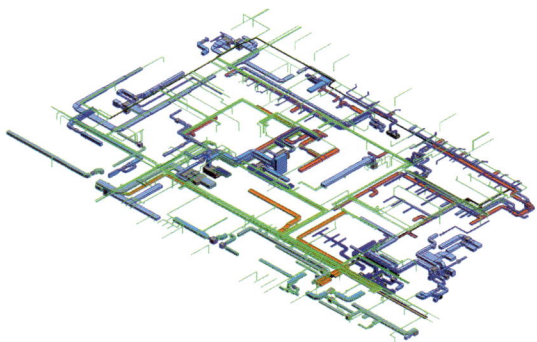

图 10 由 Magicad for revit 构建的负二层机电模型

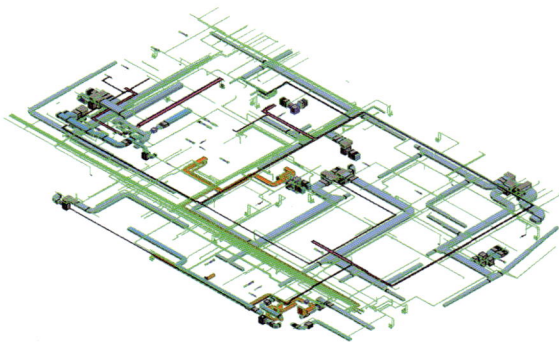

图 11 由 Magicad for revit 构建的负一层机电模型

术，实行科技攻关；推广应用住房和城乡建设部及江苏省十项新技术，打造绿色建造智慧工地，加强质量通病预防控制，攻坚克难、缔造精品，确保工程结构安全和使用功能。

围绕创建目标，项目部开展了多项技术攻关与创新活动。加强了对屋面、室内外装饰、安装管道、管井及强弱电间的深化设计、策划及管理。同时，加强与各分包单位协调工作，使各单位目标一致，思想统一、密切配合、齐抓共管，确保了各项目标的实现（图 10、图 11）。

4 重要部位及隐蔽工程的质量检验情况

4.1 地基与基础

（1）771 根混凝土钻孔灌注桩，低应变检测 I 类桩 733 根（95.1%），Ⅱ 类桩 38 根（4.9%），无 Ⅲ 类桩。单桩承载力符合设计要求，桩身质量符合要求（图 12）。

（2）地下室钢筋用量约 25000t，钢筋型号、直径、尺寸、接头连接方式、搭接长度和数量均满足设计及规范要求（图 13）。

4.2 主体结构

（1）48541m³ 混凝土结构内实外光、棱角分明、节点清晰，梁、板、柱等结构尺寸准确，混凝土强度等级满足设计要求及验评标准，观感质量好；全高垂直度最大偏差 16mm（图 14）。

（2）共设 19 个沉降观测点，经 57 次观测，累计最大沉降量 24.63mm，累计沉降量最小值 22.30mm，最大沉降差 2.33mm，最后百日沉降速率 0.005mm/d，小于规范要求 0.04mm/d，沉降均衡、稳定，结构安全可靠（图 15）。

4.3 幕墙工程

（1）建筑外形新颖大方，线条明晰、流畅、多样；15600m² 石材幕墙排列整齐、色泽一致、缝格准确；11200m² 玻璃幕墙安装牢固、拼缝整齐，24640m 胶缝顺直饱满、节点细致美观。

（2）幕墙材料检测合格，"四性检测"符

图 12 混凝土钻孔灌注桩

图 13 地下室钢筋

图 14　混凝土结构

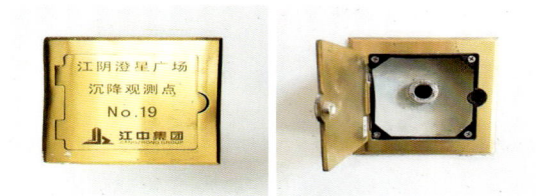

图 15　沉降观测点

合《建筑幕墙》GB/T 21086–2007 标准和工程设计要求；防火、防烟封堵良好。历经两年自然风雨的考验，不渗不漏（图 16）。

4.4　精装工程

（1）18700m² 吊顶大面平整、弧度圆滑、缝隙顺直、色泽均匀、无开裂现象；灯具、风口、喷淋头、烟感等末端装置排列整齐、成排成线、弧度一致（图 17）。

（2）126000m² 内墙与墙面、顶面垂直平整、阴阳角方正；乳胶漆涂面均匀、光滑、色彩柔和一致（图 18）。

（3）19800m² 地砖色泽一致，亮如明镜，对缝铺贴，面平缝顺，勾缝光滑洁净、深浅一致，无空鼓现象（图 19）。

（4）38662m² 地下室车库环氧树脂耐磨地面，平整光洁、色泽均匀、细部美观，无裂缝、空鼓（图 20）。

图 16　幕墙材料

图 17　精装工程

图 18　内墙与墙面

图 19　地砖

图20 耐磨地面

（5）5858步楼梯踏步步高均匀一致，防滑条安装牢固；靠墙扶手安装牢固，漆面光滑、接缝严密、饱满，滴水线美观通顺（图21）。

图21 楼梯踏步

（6）卫生间墙地砖对缝铺贴，洁具安装牢固、居中对称，周边套割精细、合缝严密，使用至今无渗漏，无障碍设施齐备（图22）。

图22 卫生间墙地砖

4.5 屋面工程

8520m² 屋面施工规范，色彩搭配美观，细部精致，坡向正确、排水通畅。透气管、避雷带、各类支墩细部构造精良，使用至今无渗漏及积水现象（图23）。

图23 屋面效果图

4.6 安装工程

（1）综合管线排布科学合理，分层优化；给水排水管道坡度标准、坡向正确，支吊架牢固，管道面漆均匀、亮丽，流向标识清晰，管根处理细致美观（图24）。

图24 综合管线排布

（2）38000m² 风管安装方正、顺直、牢固，空调通风管道保温严密，标识清晰，支吊架设置规范整齐，稳固美观（图25）。

图25 风管安装

（3）变配电设施布置整齐，相序正确，压接牢固，标识清晰，接地安全可靠。安装端正、标高一致，箱门启闭灵敏（图26）。

图26 变配电设施布置

（4）配电箱（柜）布线整齐，相序正确，压接牢固，桥架安装规范，防火封堵严密；各类电缆敷设规范整齐，绑扎牢固，接地可靠，标识有序（图27）。

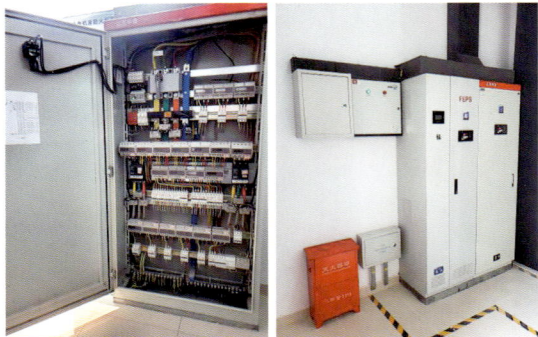

图 27　配电箱（柜）布线

（5）设备机房精心策划、布局合理；设备安装稳固，管道层次分明，保温严密，标识清晰，减振装置齐全有效（图 28）。

图 28　设备机房

（6）智能化设备运行平稳；线路编号清晰、标识正确；性能可靠，使用功能完好（图 29）。

图 29　智能化设备

（7）10 部电梯、26 部自动扶梯安装牢固、运行平稳，电梯轿厢启闭轻快、信号清晰、平层准确，一次性通过省技术监督局电梯专项验收（图 30）。

图 30　电梯、自动扶梯

5　关键技术及科技进步

新技术推广应用情况：

（1）工程应用住房和城乡建设部推广新技术中的 10 大项 18 子项，江苏省推广新技术中的 5 大项 6 子项，整体新技术综合应用达“国内领先”水平。

（2）开发应用《超大深基坑关键施工技术》（技术创新成果奖）和《一种深基坑支撑支护体系的施工方法》（发明专利）确保了深基坑稳定，减少了土方开挖量，同时使地下室结构连续不间断的施工，缩短了工期（图 31、图 32）。

（3）开发应用《一种深基坑临边大型起重机械吊装施工方法》（专利）和《深基坑临边大型起重机械吊装技术施工工法》（工法）保障了机械吊装安全、缩短了工期、降低了施工

图 31　技术创新成果奖　　图 32　发明专利

图 33　专利

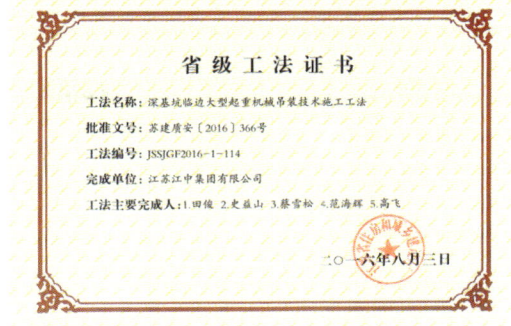

图 34　工法

图 35　专利

成本（图 33、图 34）。

（4）开发应用《一种桩筏基础预铺反粘复合高分子防水卷材的施工方法》（专利）不需要采用明火烘烤，降低了对环境的污染，缩短了工期，节约了施工成本（图 35）。

6　节能环保措施与成效

6.1　节能措施

外墙采用 80 厚复合岩棉防火保温板，屋面采用 150 厚泡沫玻璃保温层，玻璃幕墙采用断桥铝及中空 Low-E 玻璃，采用管道保温、节水型卫生器具、自动控温空调、智能照明控制、太阳能光伏发电、设备自动监控（BAS）、变频调速装置等材料、设备、技术。能效检测符合要求，节能分部验收合格。

6.2　环保措施

工程材料经抽样检测均符合环保要求，室内环境检测符合 Ⅱ 类民用建筑工程要求。

7　工程获奖情况及取得的经济和社会效益

7.1　获奖情况

（1）总结国家级 QC 成果 6 篇，省级 QC 成果 10 篇。

（2）荣获省级工法 1 篇，国家级科技创新成果 1 项，发明专利 4 项。

（3）获国家级绿色建造设计三等成果奖。

（4）全国建筑业绿色施工示范工程。

（5）江苏省建筑施工标准化文明示范工地。

（6）江苏省建筑业新技术应用示范工程等。

7.2　经济和社会效益

工程竣工后知名商场八佰伴入驻运营，永升物业管理，已成为江阴市城南的高档购物娱乐中心，社会经济效益显著。建设单位、使用单位非常满意。

（沈世祥　沈永龙　田俊）

13. 南京信息工程大学滨江学院无锡校区建设项目（一期）
——南京信息工程大学滨江学院

1 工程概况

1.1 工程简介

南京信息工程大学滨江学院成立于2002年，是经教育部批准、由南京信息工程大学和南京信息工程大学教育发展基金会共同举办的独立学院。

新建无锡校区建设项目（一期）位于无锡市锡山大道333号，毗邻锡东新城核心区，距离无锡高铁东站、地铁2号线仅1公里，地理位置优越，风景优美。新校园占地总面积1101亩，一期建筑总面积148634m²，是一所现代化的智慧校园、生态校园、人文校园和低碳校园。学院现有在校生近1万人，其中研究生269人，留学生312人。设有物联网工程学院、电子信息工程学院、自动化学院、轨道交通学院、环境与生物工程学院、大气与遥感学院、理学院、商学院、人文法政学院、传媒与艺术学院、国际教育学院11个二级学院，6个硕士点、40个本科专业，覆盖理、工、文、管、经、法、艺七大学科门类。2019年，金融工程、物联网工程、电子信息工程3个专业入选江苏高校一流本科专业（表1，图1~图3）。

1.2 各责任方主体

建设单位：南京信息工程大学滨江学院

设计单位：无锡市建筑设计研究院有限责任公司、信息产业电子第十一设计研究院科技工程股份有限公司

单体工程一览表 表 1

序号	单体名称	单体建筑面积	结构形式	建筑层数	建筑高度
1	学生公寓 A1A2	18702m²	框架	6 层	20.89m
2	学生公寓 A3A4	18704m²	框架	6 层	20.81m
3	学生公寓 A5	9483m²	框架	6 层	20.77m
4	学生公寓 A7	9238m²	框架	6 层	20.78m
5	学生食堂 J1	6778m²	框架	3 层	15.81m
6	医疗所 N	2404m²	框架	3 层	12.55m
7	院系楼 D1	8265m²	框架	5 层	21.15m
8	院系楼 D2	7188m²	框架	5 层	21.15m
9	院系楼 D3	7531m²	框架	5 层	21.15m
10	院系楼 D4	8104m²	框架	5 层	21.15m
11	院系楼 D7	7510m²	框架	5 层	21.15m
12	会堂 F	5284m²	框架	3 层	20.85m
13	院系楼 D5	7567m²	框架	5 层	21.15m
14	行政楼 E	16423m²	框架	-1/6 层	23.7m
15	研发楼 G	15453m²	框架	-1/6 层	24.57m

图1 校区全景图

图2 学生公寓

图3 会堂

监理单位：建业恒安工程管理股份有限公司

无锡市五洲建设工程监理有限责任公司

江苏鸿成工程项目管理有限公司

质量监督单位：无锡市锡山区建设工程质量监督站

总包单位：江苏城嘉建设工程有限公司

无锡锡山建筑实业有限公司

江苏天亿建设工程有限公司

参建单位：江苏冠杰建设集团有限公司

2 工程的特点、难点及新技术应用情况

2.1 工程特点、难点

建筑以"格栅""面砖墙"为主，建筑风格简洁现代，建筑异形设计多，室内各功能空间吊顶材质多样、造型多态、线条复杂，施工难度大（图4、图5）。

校区分为两区（学院区、宿体区），绿植丰富多样，结合海绵城市技术，形成校区多层次多功能花园式生态空间，参与方多，对科学合理策划，工序穿插施工要求高（图6）。

建筑设有大空间、大跨度（跨度33.5m）会堂，超高、大型报告厅（高度20.85m），主体及钢构柱施工难度大（图7、图8）。

师生宿舍卫生间3570个，单体屋面15个，工程总防水面积达35850m²，质量要求高，攻克渗漏水隐患施工难度大（图9、图10）。

4320套外窗面多量广，控制窗户安装质量及有效避免窗边角渗漏水也是工程技术难点之一（图11）。

本工程屋面面积大，设备多，交叉作业频繁，施工质量要求高（图12、图13）。

图4 格栅

图5 面砖墙

图 6　绿植丰富多样，工序穿插要求高

图 7　大跨度会堂

图 8　会堂钢构柱

图 9　地下室防水施工

图 10　屋面防水施工

图 11　外窗面多量广

图 12　屋面面积大

图 13　屋面设备多

图 14　地下室面积大

研发楼、行政楼地下室面积达 10200m²，保证地坪平整度、色泽一致，无空鼓、无裂缝施工难度大（图 14）。

15 个单体工程，各楼层部位有其不同的功能，因此对装饰材料的材质有不同要求，内装饰材料品种繁多，125 种材料、48 种做法涉及专业工种多、交叉密；精工细雕，风格各异（图 15）。

该项目水电、暖通、消防、智能化各系统功能齐全，地下室、各楼层吊顶内各种管线纵横交错，错综复杂。施工配合、成品保护难度大、协调工作量大（图 16）。

图 15　内装饰风格各异

图 16　各种管线纵横交错

2.2　新技术应用及技术创新

住房和城乡建设部建筑业 10 项新技术　　　　　　　　　表 2

序号	新技术项目名称	应用部位	应用量
一	1. 地基基础和地下空间工程技术 1.6 复合土钉墙支护技术	深基坑	5000m²
二	2. 高性能混凝土技术 2.6 混凝土裂缝控制技术	基础底板	5420m³
三	3. 钢筋与预应力技术 3.1 高强钢筋应用技术 3.3 大直径钢筋直螺纹连接技术	主体工程 钢筋连接	3000t 18200 个
四	6. 机电安装工程技术 6.1 管线综合布置技术 6.2 金属矩形风管薄钢板法兰连接技术 6.3 变风量空调技术 6.6 薄壁金属管道新型连接方式 6.9 预分支电缆施工技术	安装工程 通风空调 通风空调 生活净水 应急照明	5000m 5800m² 3000m² 1650m 1940m
五	7. 绿色施工技术 7.2 施工过程水回收利用技术 7.3 预拌砂浆技术 7.5 粘贴式外墙外保温隔热系统施工技术 7.8 工业废渣及（空心）砌块应用技术 7.9 铝合金窗断桥技术	施工全过程 主体施工 外墙保温 主体施工 门窗工程	2000m³ 500m² 5000m² 3500m² 5200m²

续表

序号	新技术项目名称	应用部位	应用量
六	8. 防水技术 8.7 聚氨酯防水涂料施工	防水工程	1800m²
七	9. 抗震、加固与改造技术 9.7 深基坑施工监测技术	深基坑	39 个测点
八	10. 信息化应用技术 10.1 虚拟仿真施工技术 10.3 施工现场远程监控管理及工程远程验收技术 10.4 工程量自动计算技术 10.5 工程项目管理信息化实施集成应用及基础信息规范分类编码技术	施工全过程	一套

3 质量特色与亮点

（1）会堂外立面造型美观，50 根钢柱挺拔俊逸；堂内报告厅装饰协调大气，四周隔声墙拼缝严密；入口处石材电脑排版、镶贴平整牢固；顶棚铝板吊顶做工细腻，石材墙柱面高档大气（图 17~ 图 22）。

（2）各类吊顶形式多样，新颖美观，与装饰面衔接严密平顺，机电末端装置成行成线，排布均匀（图 23、图 24）。

（3）墙面涂饰曲线灵动、平整亮丽、色泽均匀、简洁美观（图 25、图 26）。

图 17　会堂外立面造型美观

图 18　钢柱挺拔俊逸

图 19　报告厅

图 20　报告厅墙面隔声板

图 21　会堂铝板吊顶

图 22　会堂顶、地、墙

图 23　吊顶美观

图 24　吊顶末端装置排布均匀

图 25　墙面涂饰均匀

（4）石材地面套割精细，镶贴平整，缝隙整齐；室内墙地砖铺贴平整，对缝整齐、无空鼓（图27、图28）。

（5）卫生间精心策划，洁具安装牢固、居中对缝、地漏套割精细，排水通畅（图29、图30）。

（6）外门窗启闭灵活，五金构件安装正确（图31、图32）。

（7）楼梯贴砖定尺下料，防护栏杆安装牢固，滴水线顺直（图33、图34）。

（8）地下室分缝合理，表面无裂纹，划线标识清晰，环氧饰面层平整亮丽，无渗漏（图35、图36）。

（9）屋面平整、坡向正确，分隔合理，排气孔成行成线，细部做法精致美观（图37、

图26　墙面涂饰简洁美观

图27　石材镶贴平整，缝隙整齐

图28　石材对缝整齐

图29　卫生间精心策划

图30　小便斗居中

图31　外门窗启闭灵活

图32　五金构件安装正确

图33　楼梯贴砖定尺下料

图34　楼梯防护栏杆

图35　地下室环氧饰面

图36　地下室停车库

图37　屋面平整

图38）。

（10）校园食堂策划在先，装饰一次成优；疫情期间餐桌设置透明挡板，确保措施到位（图39、图40）。

（11）生活给水泵房、消防泵房布置合理，安装牢固，运行平稳。管道综合排布整齐，安装牢固，接口严密。仪表安装成排成行、高度适中，方便观察（图41、图42）。

（12）屋面多联机外机安装牢固，布局合理，排列整齐（图43、图44）。

（13）支架结构正确，布置合理，管道安装横平竖直、排列有序，牢固可靠，坡度坡向正确，接口规范严密；管道穿墙加装饰圈、穿

板根部处理平整，美观实用；抗振支架位置正确，安装牢固（图45~图48）。

（14）风管制作精良，安装均匀，接口严密，防晃支架布置合理，安装牢固（图49、图50）。

（15）公共区域喷淋、灯具、烟感、广播、风口等末端设施综合排布，成线成行，安装位置与装饰协调整齐美观（图51、图52）。

（16）学区采用校园一卡通银行金融卡，采用圈存机作为银行与校园之间接口。系统集成了门禁控制系统、宿舍智能门锁系统等。可以实现包括食堂、图书馆、水电充值、银行转账等功能（图53、图54）。

图38　屋面栈桥

图39　校园食堂

图40　餐桌设置透明挡板

图41　生活给水泵房

图42　消防泵房

图43　屋面多联机

图44　多联机桥架

图45　支架合理

图46　管道横平竖直、末端成线

图 47　管线穿墙防火封堵

图 48　抗振支架

图 49　风管制作精良

图 50　风管支架

图 51　公共区域末端设施排布

图 52　走道内末端设施排布

图 53　一卡通金融卡

图 54　一卡通自助补卡终端

图 55　人脸识别

（17）宿舍智能锁采用 2.4G 无线传输模式，门锁和中心能实时通信，同时支持 IC 卡、二代身份证、电脑远程定时开关门（图 55、图 56）。

（18）学生宿舍应用太阳能 + 空气源热泵热水系统，太阳能集热器共计 760 块，约 2000m² 五栋楼，共计节电 150 多万千瓦时，节能减排效果显著（图 57、图 58）。

（19）智能建筑系统经严格调试信号灵敏，功能完善，使用效果良好（图 59、图 60）。

（20）电梯运行平稳，平层准确，无冲击、无振动（图 61、图 62）。

图 56　智能门锁

图 57　太阳能光伏板

图 58　屋面太阳能热水

图 59　监控大屏

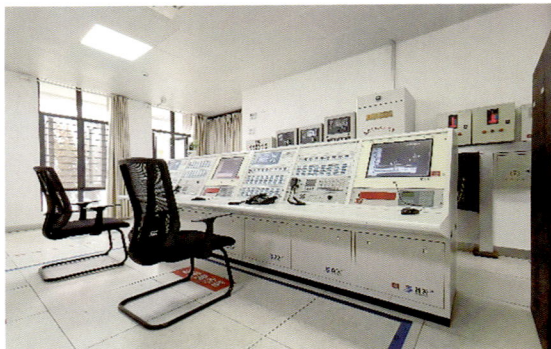

图 60　消控室

图 61　电梯前室

图 62　平层准确

4　节能环保与绿色施工

4.1　节能环保

采用海绵城市措施，包括下凹式绿地、雨水花园、植被浅沟、树池和透水铺装，总面积累计 20635.9m²，场地内整体径流控制率达 70%。

空调设备为多联机和螺杆式风冷热泵，其 *IPLV* 值比标准要求提高 6% 以上，节能效果好。

公共部位采用照明智能控制系统，定时与手动相结合。

电梯采用变频调速拖动方式或能量再生回馈技术，并采用群控系统，满足节能要求。

采用并网型光伏电站，用于整个项目生活用电。在屋面平铺太阳能光伏板，总铺装面积达 1384m²，可再生能源比例达 1.94%。

采用雨水回用系统，回用的雨水经处理后，水质达到标准要求并用于绿化灌溉。

宿舍屋顶设置太阳能热水系统，所提供的热水量占生活总热水量的 84.2%。

多项节能环保绿色建筑技术的应用，实现了工程整体节能。

4.2　绿色施工

工程施工过程中，采用了车辆冲洗平台、雨污分流技术、木方接木技术、新型模板支撑技术、雨水收集系统、变频塔吊、LED 节能照明灯、太阳能热水等一系列"四节一环保"措施，绿色施工效果明显，经济和社会效益显著。

图 63　滨江学院夜幕

图 64　滨江学院西立面

5　获奖情况及综合效果

工程先后荣获 2020~2021 年度国家优质工程奖、全国工程建设项目绿色建造设计水平评价三等成果、江苏省优质工程奖"扬子杯"、江苏省建筑施工标准化星级工地、江苏省建筑业绿色施工示范工程、江苏省建筑业新技术应用示范工程、二星级绿色建筑、无锡市优质工程奖"太湖杯"等奖项；并获科技管理类多项奖项。

项目的建成，使滨江学院无锡校区成为无锡锡东新城区域内的代表性建筑；高校的建成，不仅对人才培养、科技创新、社会服务、文化传承有着重要使命，更对提升无锡城市品质，增强城市核心竞争力具有十分重要的意义。有利于优化无锡市科教资源配置，增强创新驱动能力，巩固产业发展优势，助推产业转型升级，增强城市发展的活力和动力（图 63、图 64）。

（袁志钢　浦海江　朱振光）

14. 锦荷学校及幼儿园（暂名）新建工程（标二）

—— 中建华城建设集团有限公司

1 工程简介

1.1 工程建设情况

苏州市首座海绵城市建设示范教学建筑——锦荷学校及幼儿园坐落于美丽的江苏省常熟市（图1）。工程设计上结合吴地深厚的文化底蕴，创建了"适合每一个孩子成长、发展、成才"的校园文化氛围。建筑整体造型俯瞰呈英文字母"U、S、E"形状。本工程于2017年5月31日开工建设，2019年5月15日竣工验收。参与单位见表1。

图1　项目效果图

参与单位　　　表1

序号	实施单位	单位名称
1	建设单位	常熟市城市经营投资有限公司
2	监理单位	江苏常诚建筑咨询监理有限责任公司
3	勘察单位	苏州开普岩土工程有限公司
4	设计单位（1）	苏州安省建筑设计有限公司
5	设计单位（2）	苏州工业园区国发国际建筑装饰工程有限公司
6	总承包单位	中建华城建设集团有限公司
7	参建单位	常熟市金龙装饰有限公司

1.2 工程施工综合效益

本工程通过实行"明确目标精施工、精雕细刻铸精品"的管理思路，实现了"基础工程优质品，主体工程精致品，装饰工程艺术品"的施工效果。在创新传统工艺和精工细作上，把施工难点和装饰细部做到极致，成为工程亮点，充分体现了建设者的独特理念，使建筑工匠作品在项目上处处体现和闪光。

2 工程管理及策划实施

工程开工伊始即确立了"国家优质工程奖"的质量管理目标，由总承包单位主导各参建单位组成项目现场施工管理体系，制定专项管理制度，编制项目创优策划，始终坚持"精心策划精细施工、样板先行、科技攻关"项目创优方针，过程中严格落实，确保工程施工质量一次成优。

主要管理措施：

（1）落实管理体系

根据本工程特点及质量目标，成立以来由集团公司总工室统一领导，公司技术部、项目指挥部负责，总包项目经理、总包项目副经理、项目技术负责人、专业责任工程师为创国家优质工程奖领导小组（图2），公司技术质量、材料设备和经营管理等部门配合监督检查的质量保证体系，为保证工程质量提供了可靠的组织保证。

（2）做好工程施工前的各项策划工作

施工前期，项目部抓好工程总体策划工作，编制《创优实施大纲》《工程目标管理计划》《项目管理规划》等多项创优保证措施。

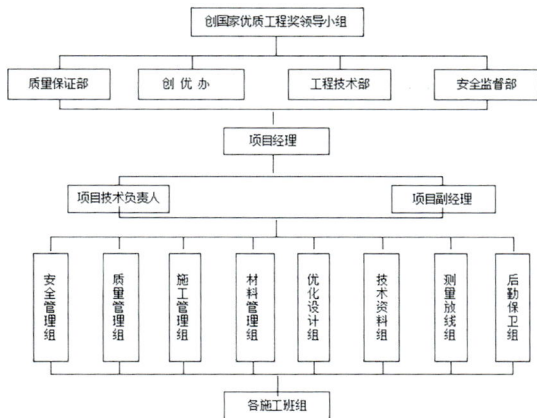

图 2　创国家优质工程奖领导小组

桩材抽检　　　　　　　　　　　　表 2

单位工程	桩材型号	数量（根）	抽测结果
中学行政楼	PHC-400（95）AB-C80-12, 12	131	I 类桩 100%
中学实验楼	PHC-400（95）AB-C80-11, 12	147	I 类桩 100%
中学教学楼	PHC-400（95）AB-C80-12, 12	381	I 类桩 97%、II 类桩 3%
图书阅览、报告厅	PHC-400（95）AB-C80-12, 12	196	I 类桩 100%
食堂、风雨操场	PHC-400（95）AB-C80-12, 12 PHC-400（95）AB-C80-12, 10 PHC-400（95）AB-C80-8, 8, 9 AZH-35-14D	169 140 4 14	I 类桩 93.9% II 类桩 6.1%
地下车库	AZH-35-14D	543	I 类桩 100%
合计	方桩：563 根，管桩 1141 根	1725	

（3）样板先行制度

土建、安装、装饰工程主要分项或关键部位推行"样板制"，实施样板引路的施工管理。每道工序施工前都先做出一个样板，项目技术负责人组织工程经理、专业工程师、质检员对样板工程的鉴定。组织施工人员开现场会，参观样板工程，明确该工序的操作方法和质量标准，最后以样板间为标准进行验收。

3　工程建设过程控制

3.1　实体质量的基本管理情况

（1）地基与基础工程

基础采用 PHC 管桩、AZH 方桩、筏形基础。经常熟市工程质量检测中心检测，承载能力满足设计及规范要求，桩身完整性检测，I 类桩 98.5%，II 类桩 1.5%，无三类桩（表 2）。

（2）主体结构工程

工程主体结构混凝土外光内实，无结构裂缝，全高垂直度偏差最大值为 5mm。梁、板、柱等结构尺寸准确。工程主体结构混凝土经常熟市工程质量检测中心检测，其强度全部符合设计要求，结构实体检测符合规范及设计要求。

本工程共设置 69 个沉降观测点，观测点均设置于隐蔽且易观测区域，经 43 次观测，最后百日最大沉降速率为 0.01mm/d。通过数据判断，该建筑物沉降已趋于稳定（图 3）。

图 3　沉降观测点

（3）建筑装饰装修工程

1）室外装修

外立面采用仿砖涂料，表面平整、无色差、无交叉污染现象，外观整体观感效果好；铝合金窗检测试验数据符合设计与规范要求，使用过程中未发现渗漏现象。

2）室内装修

室内瓷砖采用 CAD 排版，拼缝均匀、平整、无色差、美观大方，平整度最大误差不超过 1mm，接缝高低差最大不超过 0.3mm。报告厅纸面石膏板吊顶形式多样，各类吊顶专项设计，拼缝严密，无错缝、开裂。各种灯具、烟感、喷淋、广播、风口等成行成线布置，与吊顶整体协调美观。

（4）建筑屋面工程

屋面防水等级为Ⅰ级。1.5 厚聚氨酯防水涂料加 1.2 厚三元乙丙橡胶防水卷材，上设 80 厚挤塑聚苯板（XPS）保温板（燃烧性能 B1 级），50 厚 C20 细石混凝土层随捣随抹光（内配 4mm 钢筋双向 @100，3m×3m 分仓缝），最终达到防水效果。

地下室防水等级为Ⅰ级。地下室车库顶板防水为 2.0 厚聚氨酯防水涂料加 1.2 厚 PEV 耐根穿刺乙烯——酯酸乙烯防水卷材（焊接）。经淋水试验，至今无渗漏。

（5）建筑给水、排水、供暖工程

管道安装与土建施工密切配合，做好预留和预埋。管道穿水池、屋面、普通地下室外壁等有防水要求的部位均预埋防水套管；管道穿楼板、梁、剪力墙预埋钢套管。

1）生活给水

室内给水管道干管采用衬塑钢管，按设计及规范要求，采用丝扣连接；卫生间内给水管道（图 4）采用抗菌 PP-R 管及管件连接方式为热熔连接，冷水管采用 S6.3 管，热水管采用 S4 管。明敷给水管的管道支架设置合理，

图 4　卫生间内给水管道

安装牢固，暗敷给水管均采用嵌墙安装。所有生活给水管在隐蔽前均按照设计及相关规范进行了强度及严密性试验，使用前管道进行了冲洗和消毒，并形成书面资料进行归档。

塑料给水管道与水加热器采用 0.50m 的金属管段过渡连接。

阀门口径＜DN50 采用截止阀；阀门口径≥DN50 采用闸阀，所有阀门安装位置正确，开启灵活。

2）消防给水

消防管道管径＞DN50 采用沟槽式卡箍连接；管径≤DN50，采用丝扣连接采用丝口连接。消防管道采用热镀锌钢管；DN100 及以下蝶阀采用对夹式，以上采用蜗杆式蝶阀。埋地管道按要求进行防腐，明露管刷漆并做标识，管道安装横平竖直。所有消防设备安装美观且符合规范。

3）雨水、污水、废水

雨水系统为外排水系统，屋面排水为间接排水。雨水管采用抗紫外线 UPVC 管，污水、废水采用 UPVC 管，管道和配件品牌统一，连接可靠，管道固定采用专用抱箍，固定牢固（图 5）。管道安装平直，按规范设置伸缩节，通气管出屋面按规范要求执行。

排水管道的横管与横管、横管与立管的连接，采用 45°三通、45°四通、90°斜三通、90°斜四通，排水立管与排出管的连接，采用两个 45°弯头，排水横管有水平坡度，坡向立管，存水弯水封深度 50mm，立管检查口标高距室内地坪 1.00m。

图 5　雨水管

（6）通风与空调工程

多联机室内机吊装，吊筋用膨胀螺栓固定在层顶，双螺母固定，并加 2mm 厚的橡胶垫减振。风机吊装，采用弹簧减振吊架，并加橡胶垫减振。

风管采用镀锌薄钢板制作，厚度按《通风与空调工程施工质量验收规范》GB 50243-2016 执行。排烟风管按高压系统风管厚度执行。一般风管的法兰之间采用厚 3~5mm 的闭孔海绵橡胶板作密封垫圈；防火阀及排烟风管的法兰垫圈采用厚 3~5mm 的石棉橡胶板。矩形风管内外同心弧形弯采用曲率半径为一平面边长，采用其他形式的弯管，平面边长大于 500mm 的设置弯管导流片。风管安装位置正确，排列整齐，接缝严密，穿越防火隔墙、楼板、防火墙处的孔隙采用防火材料封堵。

空调冷媒管采用去磷无缝紫铜管，采用充氮保护钎焊接。焊接完用氮气吹洗，保证管道内无杂物，吹洗完毕后进行气密性试验，气密性试验的介质为氮气，试验合格后抽真空试验，并注入制冷剂。

冷凝结水管采用 UPVC 管连接，顺水流方向安装，支管坡度控制在不小于 0.01，干管坡度不小于 0.008。

（7）建筑电气工程

1）屋檐边垂直面采用接闪带保护并组成 10m×10m 的网格，接闪带采用 10# 热镀锌圆钢明敷，热镀锌圆钢支架高出表面 150mm，间距 1.00m（转角处 0.5m）。建筑防雷经苏州市华云防雷技术有限公司检测合格。

2）防雷接地、电气设备的保护接地、接地共用统一的接地极，接地电阻 < 1Ω。插座接地桩头、电线金属保护管、配电箱（柜）及正常情况下用电设备不带电金属外壳，均与专用接地（PE）线连通（图 6）。

3）电气桥架安装横平竖直，螺栓朝向正确，桥架连接处接地跨线顺直。桥架在直线段超过 30m 时留有 20mm 伸缩缝；电缆桥架在穿越防火墙及隔层楼板时采用防火隔离措施；桥架在电气竖井内孔洞用防火泥封堵（图 7）。

4）高低压成套配电柜柜面整齐，间隙均匀、安装牢固，接地美观规范。动力照明箱、柜接线正确，线路绑扎整齐，编号明确、标识，配电箱安装高度及方式严格按照设计及规范要求，落地柜安装采用 10# 槽钢垫高（图 8）。

5）干线采用无卤低烟阻燃型电缆（WDZB-YJY-0.6/1kV）在桥架内敷设出桥架再穿 SC 管敷设至各分配电箱、引至消防配电的配电干路采用矿物绝缘类不燃性电缆（BBTRZ-0.6/1kV）在电缆桥架内敷设；同一路径的双路电源在同一桥架内敷设时用防火隔板分割。

6）消防用疏散指示、安全出口灯及应急灯均为自备镉镍电池型应急灯具；变、配

图 6　防雷接地

图 7　电气桥架安装

图 8　高低压成套配电柜

图 9　安全出口灯

图 10　智能化系统设备

电间、柴油机房、消防水泵房、消防控制室的连续供电时间大于 180min，其余场所大于 90min（图 9）。

（8）智能建筑工程

各系统逐点检测、联动测试合格，运行正常。火灾报警、消防联动试验检测合格，通过了消防验收。智能化系统设备整洁美观，线路规整，标识规范，视频监控系统图像清晰（图 10）。

（9）建筑节能工程

本工程建筑节能的各类节能材料经过质量检测，均符合标准规定的技术要求，投入使用，各节能系统有效地发挥作用、运营正常。

3.2　工程技术资料基本管理情况

本工程分 9 大分部工程，196 个子分部，459 个分项，2296 检验批，资料共 9 个分部，立 201 卷。分类组卷，编目清晰，查找方便，装订整齐，覆盖全面，所有资料准确、有效、真实，具有可追溯性（图 11）。

4　工程难点重点

重难点 1：超长混凝土结构

本工程地下车库面积达到 1.2 万 m^2，底板长 149.65m，属于超长混凝土结构。墙板墙高 4m，厚 300mm，混凝土强度等级 C30，抗渗等级 P6。针对此施工难点，将地下车库按后浇带的位置分成 8 块进行施工，合理安排施工顺序，并根据情况调配相应材料。为减少混凝土浇筑后由温度变化和收缩而导致有害裂缝的产生，施工中采取了如下措施：气象措施、材料控制措施、混凝土浇筑措施、混凝土养护措施（图 12）。

重难点 2：高支模

本工程报告厅坡屋面结构层、教学楼西侧和风雨操场连廊的模板工程，排架搭设高度超过 8m，属于超过一定规模的危险性较大的分部分项工程，经相关专家论证后再组织施工。

图 11　工程技术资料

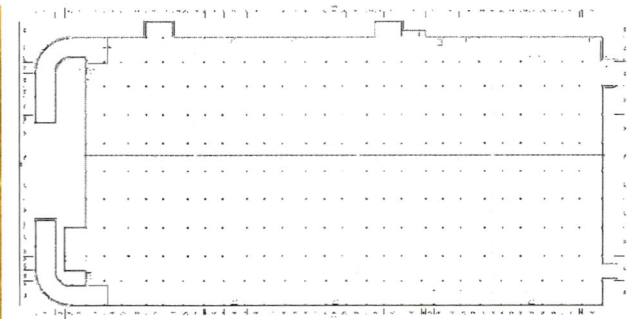

图 12　重难点 1

重难点 3：型钢混凝土柱

本工程报告厅为高大空间结构，型钢筋混凝土柱是重要承重构件，截面尺寸较大，最大柱截面达到了 800mm×1000mm，施工中全面考虑钢结构劲性柱因焊接收缩、自重压缩等原因导致的质量隐患，通过对拉螺栓焊接等技术手段，确保劲性柱施工一步到位。总结质量控制工作，完成国家级 QC 成果一项（图 13）。

重难点 4：种植屋面

本工程种植屋面部位防水要求高，施工过程中高度重视按照设计及规范等要求编制施工方案，防水涂料涂刷前对基层进行严密处理，聚氨酯涂料涂刷均匀，厚薄误差控制在规范误差内；三元乙丙橡胶防水卷材和 PEV 耐根穿刺乙烯防水卷材选择适宜天气进行施工，严格把控施工质量，经蓄水试验后确认无渗漏再进入下道工序，至今工程未发现渗漏现象。

重难点 5：本工程各单体均采用连廊贯通，故变形缝较多，梁柱节点成型难以控制，施工中采用定型铝制模板，有效地控制了混凝土结构体的实体质量（图 14）。

重难点 6：本工程机电工程系统多、安装复杂、质量要求高，确保机电系统的安装质量，协调各专业的管线安装，在施工过程中应用了管线布置综合平衡技术，有效地增大了操作维护空间。

重难点 7：本工程图书馆阅览室各区域装饰设计风格多样，应用"异形纸面石膏板吊顶施工技术"，接缝平整、观感美观。墙砖墙裙上采用"护墙阳角压顶装置"技术，解决了交界处的质量控制，并形成国家实用新型专利一项（图 15）。

5 科技创新及技术攻关

5.1 以海绵城市为主题的教学建筑

本工程作为海绵城市示范项目，以校园地表年雨水径流总量控制率目标值 80% 为总体目标（校园地表年雨水径流总量控制率为一年内场地雨水径流通过自然和人工强化的入渗、滞、留、调蓄和回用而得到控制的径流雨量占全年全部雨量的百分比）。为实现径流控制目标，本项目综合应用多种技术，因地制宜采用透水铺装、下沉式绿地、雨水花园、生态散水、雨水调蓄池等技术方式。

5.2 节能的先进技术

选用绿色、环保材料，未采用国家和地方禁止和限制使用的建筑材料及制品。建筑材料因地制宜、就近取材。合理利用可再生能源；有热水需求的食堂区域设太阳能热水系统；光伏范围涉及整个校区。

5.3 设计创新

地下车库的结构优化设计：采用矩形柱网，由于短方向梁高比长方向梁高小，设备管道尽量在短方向梁下通过，少量设备管道必须

图 13　重难点 3

图 14　重难点 5

图 15　重难点 7

在长方向梁下通过时，设计为上翻梁，从而在不减小净高的前提下压低层高，减少土方开挖量、减少抗拔桩、减少材料用量，极大降低了工程总造价。

5.4 科技创新与新技术的应用

（1）推广应用了"住房和城乡建设部十项新技术"中 8 大项 18 小项（表 3）。

（2）推广应用"江苏省十项新技术"中 5 大项 7 小项（表 4）。

应用新技术名称、应用部位及数量　　　　　　　　　　　　表 3

新技术项目名称	应用部位	应用量
应用住房和城乡建设部建筑业新技术		
1. 地基基础和地下空间工程技术		
1.6 复合土钉墙支护技术	基坑支护	5217m
2. 混凝土技术		
2.5 纤维混凝土	地下车库底板、墙、顶板	29564m²
2.6 混凝土裂缝控制技术	地下车库底板、墙、顶板	29564m²
3. 钢筋及预应力技术		
3.1 高强钢筋应用技术	基础及主体	1065t
3.3 大直径钢筋直螺纹连接技术	基础及主体	10200 套
5. 钢结构技术		
5.5 钢与混凝土组合结构应用技术	报告厅梁柱	64t
6. 机电安装工程技术		
6.1 管线综合布置技术	管道支架	25600m
6.2 金属矩形风管薄钢板法兰连接技术	金属矩形风管	200 个
7. 绿色施工技术		
7.2 施工过程水回收利用技术	用于施工现场降尘、绿化和洗车	施工全过程
7.3 预拌砂浆技术	内、外墙体	238t
7.4 外墙自保温体系施工技术	外墙墙体	10053m²
7.8 工业废渣（空心）砌块应用技术	填充墙墙体	8 万块
7.9 铝合金窗断桥技术	金属门窗	4681m²
7.13 植生混凝土	地下室顶板	12369m²
9. 抗振与加固与监测技术		
9.7 深基坑施工监测技术	地下车库基坑	施工全过程
10. 信息化应用技术		
10.3 施工现场远程监控管理及工程远程验收技术	施工场地的监控管理	施工全过程
10.4 工程量自动计算技术	工程投标、工程进度预算、工程结算和施工过程中的材料计划	施工全过程
10.8 塔式起重机安全监控管理系统应用技术	塔吊	施工全过程

应用江苏省建筑业新技术 表4

应用新技术名称、应用部位及数量		
新技术项目名称	应用部位	应用量
1. 地基基础与地下空间工程技术		
1.3 地下水控制技术	基坑土方开挖过程中的降水	$15000m^2$
1.4 钢板桩支护技术	地下车库基坑	1356m
5. 建筑施工成型控制技术		
5.1 混凝土结构用钢筋间隔件应用技术	钢筋工程	50000 个
5.2 模板固定工具化配件应用技术	基础、主体	施工全过程
6. 建筑涂料与高性能砂浆新技术		
6.3 高性能砂浆技术	外墙保温工程	50t
9. 废弃物资源化利用技术		
9.2 工地木方接木应用技术	施工现场	施工全过程
10. 建筑新设备应用技术		
10.6 节能环保建筑设备应用技术	施工现场	施工全过程

6　绿色施工的主要措施与效果

依据总体生态指标，以绿色建筑设计二星级为标识（图16），围绕"四节一环保"，始终坚持绿色施工：

公共建筑　　　　　　　　　NO.RD21019164

建筑名称：苏州常熟市锦荷学校及幼儿园新建工程项目
建筑面积：6.63万平方米
申请单位：常熟市教育局　苏州安省建筑设计有限公司
　　　　　苏州筑研绿色建筑工程技术有限公司

评价指标	设计值	说明：
建筑节能率	65.00%	1.此证只证明建筑的规划和设计达到《绿色建筑评价标准》（GB/T50378-2014）二星级水平。
可再生能源利用率	2.26%的发电量	
非传统水源利用率	18.91%	2."评价指标"值为代表性绿色建筑评价标准值，整体评价结果见《绿色建筑评价标识报告》。
住区绿地率	一（公共建筑不参评）	
可再循环建筑材料用量比	4.88%	
室内空气污染物浓度	设计阶段不参评	
物业管理	设计阶段不参评	

发证日期：2019年05月10日

图16　绿色建筑设计二星级标识

①节能：优先选用节能、高效、环保的施工机械，节约施工现场、生活区、办公区的用电，充分利用可再生资源。

②节水：现场临时给水排水管理设计。使用节水设备，循环水冲洗车辆、雨水回收再利用等措施，来节约用水。

③节材：临时设施采用定型组件、工具式防护设施重复利用。

④环保：控制扬尘、噪声、光污染、垃圾等措施，达到环保要求。

7　获得的各类成果

7.1　项目特色及成果

江苏省住房和城乡建设厅公示海绵城市建设示范项目（图17）。

7.2　技术成果

（1）质量管理小组成果：工程荣获2019年度全国工程建设质量管理小组活动成果三等奖（图18）。

江苏省住房和城乡建设厅

公 示

关于 2016 年地下综合管廊、
海绵城市建设试点城市与示范项目的公示

根据省住房城乡建设厅、财政厅《关于组织申报 2016 年地下综合管廊省级试点城市的通知》（苏建城〔2016〕63 号）和《关于组织申报 2016 年江苏省海绵城市试点城市及示范项目的通知》（苏建城〔2016〕64 号），省住房城乡建设厅、财政厅近期组织了 2016 年地下综合管廊、海绵城市建设试点城市与示范项目评审工作。

现将评审结果进行公示（按专家打分排名确定，见附件），公示期为 2016 年 6 月 6 日—2016 年 6 月 13 日。如有不同意见，请在公示期间以书面（实名）形式反映（邮寄材料以邮截日期为准）至省住房城乡建设厅城市建设处。

联系电话：025-51868880、51868537，地址：南京市草场门大街 88 号江苏建设大厦，邮编：210036。

附件：2016 年地下综合管廊、海绵城市建设试点城市与示范项目入围名单

江苏省住房和城乡建设厅
2016 年 6 月 6 日

附件：

2016 年地下综合管廊、海绵城市建设
试点城市与示范项目入围名单

（按行政区划排序排列）

一、地下综合管廊试点城市
省级市：南京、连云港
县级城市（区）：新沂、泗水

二、海绵城市试点城市
省级市：南京、徐州、常州、苏州
县级城市（区）：宜兴、武进、昆山、如皋、句容

三、海绵城市建设示范项目
1、第九届江苏省园艺博览会博览园

2、江苏城乡建设职业学院
3、常熟市师范学校及幼儿园西新建工程
4、太仓港区七浦塘生态修复工程二期
5、南通市"两漾八湖九脉"海绵基示范项目
6、连云港市创智绿园项目
7、赣榆区火车站广场及站前配套设施交通枢纽
8、淮安市生态新城森林公园海绵化改造工程
9、盱眙县城规划
10、洪泽县实验小学城河校区及天鹅湖幼儿园
11、盐城市北环路建设（人民路——范公路高架接线）工程
12、高邮市抗战最后一役纪念馆、人民公园及周边地块
13、泰州市姜堰区村庄河公园
14、泗阳县城北小学
15、泗洪县拦河河周边绿化景观工程

图 17　示范项目

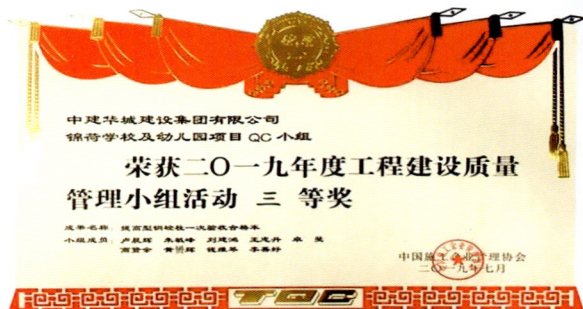

图 18　全国工程建设质量管理小组活动成果三等奖

图 19　质量管理小组活动成果

图 20　建筑装饰行业科技创新成果

（2）荣获省质量管理小组活动成果（图 19）。

（3）建筑装饰行业科技创新成果：《LED 灯带在室内装饰施工照片中的应用》《异形纸面石膏板吊顶施工技术》被评为 2019 年全国建筑装饰行业科技创新成果奖（图 20）。

（4）专利：本工程获得国家实用新型专利 2 项，应用了国家发明专利 3 项技术（图 21）。

7.3　管理和安全效果

（1）总承包单位和装饰单位分别荣获 2017 年江苏省建筑施工标准化星级工地和 2018 年

图21 专利

江苏省建筑施工标准化星级工地（图22）。

（2）荣获2018年度第一批江苏省建筑业绿色施工示范工程（图23）。

工程使用至今，基础与主体结构安全稳定可靠，建筑物室内外装饰装修质量细致均衡，整体工程无渗漏，各系统功能运转正常，使用环保节能，获得了业主高度评价，用品质打造了常熟市新地标。最大程度地满足了广大师生对高质量教育服务的需求，更好地为社会发展培养出优质高效的人才资源。

图22 2018年江苏省建筑施工标准化星级工地

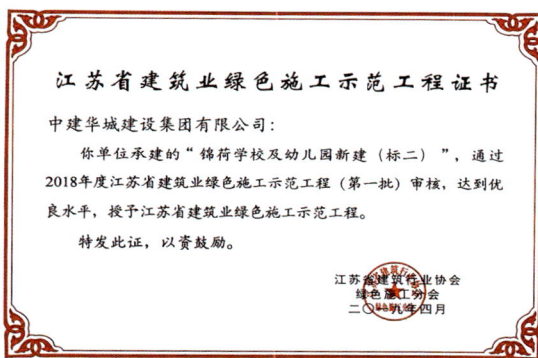

图23 江苏省建筑业绿色施工示范工程

（曹建飞 王志丹 刘建鸿）

15. 海澜集团营业用房建设（马儿岛艺术文化主题度假酒店）1# 楼工程 —— 江苏省苏中建设集团股份有限公司

马儿岛艺术文化主题度假酒店 1# 楼工程是海澜集团转型发展百亿投入的八个重点项目之首，是海澜集团加快企业转型升级，大力发展三产服务业的重要举措，对于企业加快实现规模化、集约化、高端化发展，打造千亿级企业集团具有重要意义。

主楼整体形态采用圆弧形，圆弧的体量别致而又新颖。外立面使用浅黄色石材、浅灰色玻璃及仿铜色铝合金型板单元式整体幕墙，体现了具有时代气息的现代风格。

图 1　工程效果图

本工程是达到四级标准的高品质酒店，兼具宴会、会议等功能，健全了城市的功能，是一个"创新、创意、创业"符合可持续发展要求的"三创载体"综合配套服务项目，成为江阴新桥镇桃园山庄度假区的新标志性建筑。

1　工程概况

马儿岛艺术文化主题度假酒店 1# 楼由海澜集团有限公司投资建设，江苏省苏中建设集团股份有限公司总承包施工，江苏鸿成工程项目管理有限公司监理的集餐饮、客房、休闲为一体的综合性度假酒店。本工程位于江阴市新桥镇，海澜国际马术俱乐部内，南环路以北、西环路以东。总建筑面积约 83796m²，其中地上建筑面积 50779m²，地下建筑面积 33017m²。本工程地下 1 层，地上 9 层，结构形式为：框架剪力墙、钢结构空间桁架和网壳结构，设计使用年限为 50 年，安全等级为一级，建筑抗震设防宴会厅为乙类。混凝土最高等级 C45。

工程于 2015 年 11 月 8 日开工，2018 年 7 月 3 日竣工验收。

地下一层为车库、设备机房、厨房、员工办公区。

主楼一层、二层为餐厅、娱乐区；3~9 层为客房区，屋顶为设备机房。

地下室底板及顶板防水采用 4mm 厚 SBS 改性沥青防水卷材，外墙防水采用 1.8mm 厚聚氨酯防水涂料，屋面采用 4mm 厚 SBS 改性沥青防水卷材两道。

本工程外立面为单元式玻璃、石材的组合幕墙系统。

内装饰主要包括铝板、石膏板吊顶，石材、涂料、面砖装饰墙面，石材、地砖、地板及耐磨地面。

本工程设有给水排水、消防、通风空调、智能建筑、建筑电气等系统。

2　工程施工难点

难点 1：宴会厅钢结构环向杆件多，采取主桁架对称焊接、分区焊接等方法安装，焊接应力和变形在结构整体合拢前释放，保证了安

图2 难点1

图3 难点2

图4 难点3

图5 难点4

图6 难点5

装质量（图2）。

难点2：宴会厅吊顶由环形双曲面异形结构GRG面板组成，衔接组装困难，通过实样细细比对，定位精准，美观大气（图3）。

难点3：马儿岛酒店内隔墙间夹角均为非直角，内装施工进行点云采集、建模并与施工图比对，不断调整纠偏，直至完美契合（图4）。

难点4：酒店大堂12m高异形罗马柱的石材只能石料定制加工获得。荒料开采前，制作同尺寸实样与实物比对，一一校正，避免了返工拆改（图5）。

难点5：机电安装工程量大，管线排布复杂。借助BIM技术，采取管线综合布置、碰撞检查、3D漫游等手段进行深化设计、策划控制，一次性设计、施工到位（图6）。

3 新技术应用及技术创新

本工程推广应用了住房和城乡建设部建筑业10项新技术中的8大项，15小项；江苏省建筑业10项新技术中的3大项，3小项。

施工过程中获得发明专利1项，实用新型专利3项。

4 工程施工质量管理

工程伊始就确定创"扬子杯"的质量管理目标，成立了项目经理为首的扬子杯创优领导小组，建立了以项目经理为核心的质量保证体系。针对工程特点，认真编制技术方案，严格落实技术交底，完善质量管理制度，积极开展QC活动，全面实施样板引路制、施工挂牌制、过程三检制等制度，实现了过程精品，保证了施工质量一次成优，圆满实现了质量、安全、环境等管理目标。

5 工程质量情况

5.1 地基与基础工程

灌注桩1436根，经检测全部合格，无Ⅲ、Ⅳ类桩，Ⅰ类桩占比96.7%。基础沉降均匀，结构裂缝，回填土无沉陷；沉降已稳定。

5.2 主体结构工程

钢筋原材，混凝土标养、同条件试块，钢筋接头、钢结构焊缝检测全部合格。混凝土结构表面平整密实，结构尺寸准确，实体质量检测符合要求（图7）。

5.3 装饰装修工程

6018m² 石材幕墙，15118m² 玻璃幕墙，安装准确、牢固、色泽一致，胶缝饱满。经检测，幕墙性能均合格。装饰材料经检测全部合格（图8）。

5.4 建筑屋面

屋面采用SBS改性沥青防水卷材，材料检测合格。屋面坡度坡向正确，分格缝设置合理，排水通畅、无积水，使用至今无渗漏裂缝现象（图9）。

5.5 建筑给水排水及供暖

排水管道经灌水、通水、通球试验合格，管道隐蔽前经灌水试验合格，全部卫生器具满水和通水试验合格（图10）。

5.6 建筑电气

配电柜、控制柜等安装位置正确，低压设备系统运行正常，电线、电缆敷设满足规范要求。灯具安装美观，通电运行无故障。防雷接地规范，电阻测试合格（图11）。

5.7 智能建筑

智能建筑系统安装规范，操作方便，检测合格，运行可靠（图12）。

5.8 通风与空调

风管安装牢固、规范，严密性试验、漏光检测符合要求。空调管道、阀门试验，全部合格。通风与空调系统机组调试合格，设备运转正常（图13）。

5.9 电梯

31台电梯经检验全部合格（图14）。

5.10 建筑节能

砌块、幕墙、保温、绝热材料、导线等材料、设备经检测全部合格（图15）。

图7 检测报告

图8 幕墙

图9 建筑屋面

图10 建筑给水排水及供暖管道

图11 配电柜、控制柜

图12 智能建筑系统

图 13　通风与空调系统

图 14　电梯

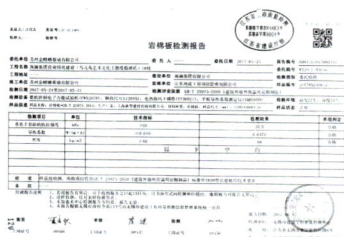

图 15　岩棉板检测报告

6　工程技术资料情况

施工技术资料按工程资料管理规程要求，随工程进度同步形成，所有技术资料齐全、完整、有效，数据真实准确，填写规范及时，篇目细致，有可追溯性。

7　工程主要质量亮点

亮点 1：混凝土构件截面尺寸准确，无裂缝，内实外光，节点美观（图 16）。

亮点 2：地下室环氧地面整洁、平整、无裂缝（图 17）。

亮点 3：屋面地砖铺贴美观，管道根部圆润匀称，使用至今无渗漏（图 18）。

亮点 4：酒店大堂超高柱石材装饰，线条流畅，层次分明，弧度圆润（图 19）。

亮点 5：壁纸粘贴牢固，无脱层、无空鼓，阴角顺光搭接，阳角无接缝（图 20）。

亮点 6：卫生间木门框根部采用石材防潮防腐处理（图 21）。

亮点 7：石材地面光洁明亮，图案简约（图 22）。

亮点 8：羊毛地毯纯手工织造，图案精美、铺设平坦（图 23）。

亮点 9：候梯厅装饰考究，通透明亮（图 24）。

图 16　亮点 1

图 17　亮点 2

图 18　亮点 3

图 19　亮点 4

图 20　亮点 5

图 21　亮点 6

亮点 10：石膏板吊顶线角平顺，弧度自然，分缝合理（图 25）。

亮点 11：消火栓门开闭灵活，材质与墙面和谐一致，浑然一体（图 26）。

亮点 12：成排配电柜排列整齐，盘面平整，标高一致（图 27）。

亮点 13：灯具、喷淋等末端装置位置准确，居中对称（图 28）。

亮点 14：管道、桥架立体分层，共用支架，清晰有序（图 29）。

亮点 15：管井内部整洁，排布有序，管根细部处理规范（图 30）。

亮点 16：31 台电梯运行平稳，平层准确（图 31）。

亮点 17：制冷机房管道布置合理，支架规范牢固，保温细致严密（图 32）。

亮点 18：同规格设备、仪表标高一致，排列整齐（图 33）。

亮点 19：智能系统功能齐全，信号准确，排布美观，联动运行良好（图 34）。

亮点 20：管道成品支架，安装居中，整齐划一（图 35）。

亮点 21：洁具安装居中对称，标高一致（图 36）。

亮点 22：不锈钢管道环压式永久性机械连接，管件管材连接严密、牢固（图 37）。

亮点 23：空调机房采用浮筑基础、弹簧减振吊架等全系统减振措施（图 38）。

图 22　亮点 7

图 23　亮点 8

图 24　亮点 9

图 25　亮点 10

图 26　亮点 11

图 27　亮点 12

图 28　亮点 13

图 29　亮点 14

图 30　亮点 15

图 31　亮点 16

图 32　亮点 17

图 33　亮点 18

图 34　亮点 19

图 35　亮点 20

图 36　亮点 21

图 37　亮点 22

图 38　亮点 23

图 39　人工洒水车

8　本工程施工过程中采取了节地、节电、节水、节材以及环保措施，做到了节能、环保

8.1　节能措施

（1）节电措施

①使用节能灯。

②选择节能施工机械，加强机械管理，禁止空载运行。

（2）节水措施（图 39）

①定期对水资源消耗统计评估，及时调整。

②建立水收集、水循环系统，合理使用雨水等水资源。

③加强节水宣传，养成节约用水的习惯。

（3）节材措施

①钢材：采用直螺纹连接技术，减少钢筋损耗。

②木材：短木方进行接长再次使用，节约大量木方（图 40）。

③混凝土节约

控制模板支模尺寸；利用混凝土余料制作小型构件。

（4）节地措施

施工总平面布置合理、紧凑，施工现场仓库、加工厂、作业棚、材料堆场等布置靠近现场已有的道路，缩短运输距离，在满足安全文明施工要求的前提下，最大化利用死角布置茶水亭、样板区、讲评台等提升性设施，临时设施占地面积有效利用率大于90%。

（5）综合利用措施

宿舍采用集装箱板房，可重复使用。基坑围挡、茶水亭、门卫、钢筋棚、安全通道等采用定型化、工具化设施（图41）。

8.2 环保措施

（1）建筑垃圾控制

①施工道路设置在规划道路位置，减少道路混凝土拆除垃圾。

②设置封闭式垃圾容器，分类管理。

（2）扬尘控制

①施工现场出口设置冲洗车辆设备，道路定时洒水（图42）。

②施工现场裸土进行覆盖和绿化，防止扬尘。

（3）污染控制

①光污染控制：避免或减少施工过程中的光污染：夜间室外照明加设灯罩；电焊作业采取遮挡措施。

②水污染控制：施工进出口设置沉淀池；食堂设置隔油池；厕所设置化粪池。

（4）噪声与振动控制

①执行国家标准实时监测与控制。

②使用低噪声、低振动的机具，采取隔声

与隔振措施，避免施工噪声和振动。

9 工程综合效果及获奖情况

本工程设计新颖，外形美观，装饰精细，功能完善，资料齐全。经过两年的使用结构安全稳定，各系统运行良好，实现了功能性、系统性、先进性、文化性和经济性的和谐统一。使用单位非常满意。

工程先后获得无锡"太湖杯"优质工程奖、江苏省"扬子杯"优质工程奖、江苏省建筑业"新技术应用示范工程"、国家优质工程奖、中国"安装之星"等奖项。形成江苏省省级工法1项、全国工程建设优秀QC小组活动成果1项、上海市工程建设优秀QC小组活动成果7项、无锡市QC成果3项。获2016年度杭州建设工程"西湖杯"优秀勘察设计奖三等奖、2018年获装饰科技创新成果奖、2019年获得装饰协会科技示范工程奖。同时本项目获得BIM奖项3项。

马儿岛艺术文化主题度假酒店1#楼工程发扬苏中建设"励精图治、追求卓越"的企业精神，敢于创新、勇于开拓，高标准策划、精细化施工，高质量完成建造任务，圆满实现了施工目标。

（钟文岭　顾建春　黄国军）

图40　短木方接长

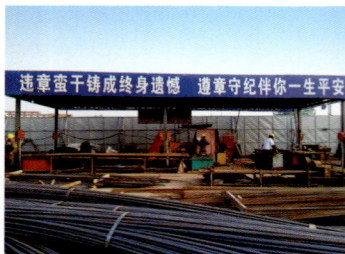

图41　钢筋棚

图42　冲洗车辆

16. 常熟市 2015A-005 地块（香山中路 8 号）新建商务用房
—— 江苏永丰建设集团有限公司

1 工程概况

常熟市 2015A-005 地块（香山中路 8 号）新建商务用房（图 1、图 2），位于常熟市文化片区凯文路以南、香山中路以西，交通便利。它是集政务服务、公共资源交易、便民服务、档案管理等于一体的综合性商务用房，配备有 285 个窗口、6 个开标室和评标室及配套的会议室等，495 个机动车停车位，能满足内部办公人员 300 人、外来人员 2500 人次 / 天的办公需求，极大地方便了群众办事，更重要的是塑造了高效、廉洁、亲民、为民的政府形象。

项目建筑面积为 57403m²，地下面积 15816m²，地上 6 层，地下 1 层，1~2 楼为市政务中心办事大厅，3 楼为公共资源交易中心，4~6 楼为城建档案馆、不动产档案馆及人社档案馆（图 3、图 4）。

该项目造型独特，设计新颖，极富有现代气息，既体现了简洁、高效、透明的办事理念，同时将建筑与周边环境很好地融合在一起，特别是时尚现代的三角形外观设计，绝对能够在高楼林立的文化片区脱颖而出！

图 1　建筑立面图

图 2　室内实景图

图 3　建筑鸟瞰图

图 4　建筑立面图

该工程由常熟市城市经营投资有限公司投资建设，江苏常诚建筑咨询监理有限责任公司监理，同济大学建筑设计研究院（集团）有限公司设计，江苏永丰建设集团有限公司总承包施工，工程于 2015 年 9 月 30 日开工，2017 年 12 月 28 日竣工，2018 年 7 月 4 日备案并交付。

2 如何创建精品工程及创建过程

2.1 工程管理

工程开工之初，就明确了"创国家优质工程奖"的质量目标，为参与本工程建设的全员管理者明确了管理目标。

建设单位：协同设计、监理及总包方成立创优领导小组，全面负责本项目创优实施，同时建立了以建设单位为核心的六位一体的工程质量保证体系，保证各项工作都受控。明确设计、监理、施工总承包及各专业分包的职责和质量管理目标，确保工程一次成优。

设计单位：各专业设计与施工方保持沟通联系，紧密配合，现场解决问题。由设计项目负责人作为工程主持人，参加工地例会，解决处理施工中的技术难题。与施工方紧密配合，及时确认分包方的二次深化设计图纸。在建设单位统一领导和指挥下，通过共同努力，本工程完全按照设计意图建成，在建筑功能、建筑形象和环境、建筑技术、设备系统先进性、施工质量等方面很好地达到了设计的要求。

监理单位：完善监理组织架构，配备有一定创优经验和能力的专业人员组建项目监理部。明确监理控制目标要求和程序，制定详细的监理控制大纲及要点。严把施工单位人、机、料、法、环方面的现场准入，编制项目监理规划，制定了详细的监理实施细则。始终坚持以图纸、规范及合同为监理依据，强化工序环节控制，以巡视、旁站、平行检测、见证取样等方式，做好检查验收工作。

总承包单位：建立健全公司和项目经理部的质量管理网络，分级负责国优工程创建的总体策划、过程指导、检查考核等工作。选用工程创优经验丰富、技术操作水平较高的施工人员，将其报酬与质量挂钩，在施工过程中坚持方案先行，样板引路，质量挂牌，严格执行"三检"制，做好事前策划和过程控制，保证各工序质量一次成优。

2.2 组织策划

在全公司范围内优选管理骨干组建了项目经理部，项目经理具有丰富的施工管理经验、综合素质突出。项目管理班子由包括高级工程师、工程师、高级技工在内的技术和管理人员组成，为创建优质工程提供了组织保证。组织架构图见图 5。

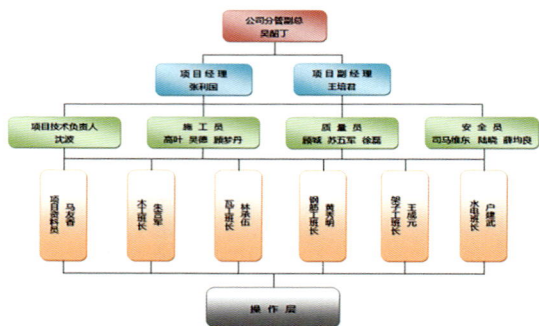

图 5 组织架构图

成立了创建国优工程实施小组。项目经理担任组长，集团公司总工程师担任顾问，项目技术负责人、施工员、质检员、专业工长为成员，定人、定岗、定制度、定措施，统一协调施工过程中与质量有关的各项工作。

根据集团公司创优质工程实施办法，明确创优目标，签订质量目标管理责任书，并直接分解落实。集团公司与项目经理签订创优质工程责任书，明确双方的职责和具体奖罚规定。

项目经理与操作班组分别签订了质量责任书，使责任得到层层落实。

建立工程质量保证体系，按 ISO9001 质量保证标准的要求，在项目经理部内建立工程质量保证体系及岗位责任制，做到职责明确，有章可循，严格根据国家有关施工和验收规范、图纸以及公司的质量手册、程序文件和作业指导书组织施工。

与建设单位、勘察设计单位及监理单位共同整合创优细则，保证创优计划切实可行。

创建良好的创优氛围。项目经理部施工过程中通过设置样板、横幅、标语、进城务工人员业余学校等宣教形式，广泛地、有针对性地开展了精品工程创建动员，增强全员精品意识，努力营造良好的创优氛围。使全体施工人员了解工程的质量目标及创优的意义，深刻认识到创优是新形势下，企业占领市场及生存发展的需要，使创优工作转化为全体施工人员的自觉行动。

2.3 过程管理

工程开工前，由集团公司总工程师对项目部进行整体技术质量交底，分部分项工程施工前，由项目技术人员向操作班组进行针对性的质量技术交底，对施工程序、方法以及易产生质量问题的环节提出详细的要求。

项目部专门成立了以项目经理为首的包括技术负责人、质检员等组成的质检小组，每周对工程质量进行一次全面检查。要求管理人员做到腿勤、眼勤、嘴勤、手勤，施工员、质检员、班组长坚持跟班作业，发现问题及时纠正。

成立创优及混凝土裂缝控制、地下室渗水及综合管线排布控制等 QC 活动小组和钢筋定位件专利的申报，进行技术和质量攻关，同时强化细部质量控制，同时积极推广应用住房和城乡建设部十项新技术、BIM 技术、绿色施工，

为工程创优提供了可靠的基础。

抓现场工序质量验收，强化项目责任落实，工序质量控制是建设工程施工过程质量控制的核心，从每道工序的"人、机、料、法、环"影响因素入手，将质量责任落实到人，力求工序质量受控，一次成优，增强可追溯性。

采取样板引路：主要分部分项工程大面积施工时，先做样板，经建设、监理等各方主体认可后再全面铺开，并以样板的质量标准进行质量控制与验收。

实行挂牌制：木工、瓦工、钢筋工等所有作业班组在施工部位挂牌，注明部位、班组名称、操作人员姓名、施工质量状况等。加强操作人员的责任心，督促各责任人严把施工质量关。

在实施前，公司邀请江苏省建筑行业内知名专家对整个项目创优进行一次系统性的培训，通过培训，明确了如何创优、怎么创优，进一步理清了我们整个创优团队的思路和方向，同时公司领导带领项目全体管理人员参观学习其他单位项目创优先进经验和做法。

项目部充分利用进城务工人员学校，定期组织对操作人员进行技术培训，参加上级部门相关专业技能比赛，进一步提高工人的实操水平（图 6、图 7）。同时项目部组织生产班组开展劳动竞赛，经项目部考核后，通过现场宣传

图 6　职工技术培训

图7 职工技能比赛

图8 休息区空间大而高

图9 室外大跨度悬挑

栏公布结果，并充分发挥经济奖罚的作用，对考核中名列前茅的班组及时给予奖励。

2.4 工程建设主要重难点

（1）本工程涉及桩基、土建、幕墙、装饰、机电、暖通、空调、智能化、电梯等多专业多单位交叉配合施工，高峰施工人数达520人以上，组织管理协调难度大；通过制定总包管理制度，合理安排施工流程及协调工作，使项目有条不紊地推进。

（2）本工程地下室基坑呈三角形状，长约180m，宽约160m，周长约600m，整个基坑面积为17000m²，大面积开挖深度平均在5.5m，局部开挖深度达7.9m，基坑支护采用钻孔灌注桩、水泥搅拌桩、挂网喷浆的支护形式。属于超过一定规模的危险性较大的基坑，是安全管理的重点，基坑方案经专家论证通过，过程中严格按方案施工、验收及监测，最终确保了整个基坑的围护安全。

（3）本工程大空间多且高，最高达16.3m，悬挑结构多，高度高，跨度最大12m，为超过一定规模的危险性较大分部分项工程，支撑体系安全控制要求高，给支撑系统增加了难度。模板架从方案编制、论证通过、材料质量控制、技术交底、特种作业人员持证上岗、过程检查及验收等各个环节的严格把控，最终确保了所有高大模板的施工质量安全（图8、图9）。

（4）外立面造型丰富，多种幕墙系统（21560m²）融为一体，交叉多，凹凸多，收边收口多，细部处理难，经过二次深化设计、现场优化、工厂定制板材及精细施工，做到了总体观感质量美观，内在质量安全可靠，获得了幕墙单项的国家优质工程装饰奖（图10）。

（5）室内门厅高度高，墙柱面大面积干挂石材平整度、缝隙及倒角顺直度控制难度大，除考虑自身重量外，还需面对温度变化、沉降变化等带来的影响，因此保证石材干挂质量安

图10 外幕墙立面图

图 11　干挂石材平整细腻

图 12　地下室风管

全可靠是重点，必须事前进行排版策划、对工人进行技术交底、对从选材到安装的每一个环节严格检查验收确保零失误，确保了施工质量和整体效果（图 11）。

（6）机电安装工程系统多，设备管线布置复杂，交叉多，预留预埋多，想要做到安装规范、排列有序紧凑，协调统一，施工难度大；采用 BIM 技术优化各类管线、管道、桥架和设备的预留预埋和排列布置方式，达到排列美观，布置合理的效果（图 12、图 13）。

2.5　工程质量情况

（1）地基与基础工程

本工程桩基采用预应力管桩和方桩，总桩数 1724 根，Ⅰ类桩 95%，桩身完整性检测无Ⅲ及Ⅳ桩；静载试验 27 根，承载力满足设计和规范要求。

地下室种植顶板采用混凝土结构自防水与 1.2mm 厚聚氨酯防水涂料及 4mm 厚 SBS 耐根穿刺防水卷材相结合，使用至今未发现渗漏现象。

整体结构安全可靠，共设置 23 个沉降观测点，经第三方观测，于 2016 年 4 月 1 日至 2020 年 01 月 8 日，共观测 13 次，最大沉降 12.6mm，最小沉降 10.79mm，最后两个观测周期平均沉降速率 0.00mm/d，各点沉降均匀、稳定。

（2）主体结构工程

主体钢筋绑扎、连接规范，尺寸准确、观感优良。混凝土结构内坚外美，棱角分明、节点清晰、几何尺寸方正、达到清水混凝土水平；ALC 砌体墙面平整，灰缝饱满，横平竖直，上下错缝（图 14、图 15）。

混凝土标养试块 261 组，同条件试块 108 组；砂浆试块 36 组；检测钢筋 133 组，共 3274t；砌块检测 21 组。实体混凝土强度、钢筋保护层等经常熟市工程质量检测中心抽检全部合格。

（3）装饰装修工程

①内装饰工程

室内各类装饰材料复试检测合格，各类材料的游离甲醛、VOC 含量等满足设计及规范规定，室内环境经常熟市工程质量检测中心检

图 13　消防管道排列有序

图 14　钢筋绑扎规范

图 15　结构混凝土内坚外美

测合格。

室内装饰事先精心策划，过程严把质量控制，细部节点处理细腻，整体风格简洁，285个服务窗口采用岛式围合布局，服务和使用流线顺畅，便民又利民，顶面采用方形穿孔石膏板，既有一定的肌理美观度，又能达到一定的吸声效果（图16）。

石材墙地面，玻化砖地面等铺设表面平整、洁净、色泽一致，缝隙均匀，接缝高低差小于 0.2mm（图17）。

地下室超耐磨地坪平整，光滑；止滑坡道美观、耐用（图18）。

②外装饰工程

铝板幕墙简洁大方，线条流畅，凹凸有序，棱角分明，胶缝顺直且宽窄一致；玻璃幕墙封闭严密，胶缝饱满无渗漏；幕墙四性检测全部合格，使用至今外墙无渗漏发生（图19）。

（4）屋面工程

屋面工程精心策划，勒脚泛水"R"角处理精雕细刻，渗透地坪色泽一致、平整光洁，屋面保护层混凝土分格合理，缝道顺直，填缝胶嵌填密实美观，屋面总体坡向正确，排水顺畅，无积水，使用至今，不渗不漏；屋面构架滴水线鹰嘴下挂明显且顺直（图20）。

（5）给水排水及消防工程

管道安装排列有序，整齐划一，坡向正确，布置合理，穿墙封堵严密，标识清晰，连接处无渗漏。管道支架间距合理、均匀、垂直且顺直、牢固可靠（图21）。

（6）通风与空调工程

风管安装牢固，支架设置合理，接缝严密，运行平稳。各类管道铝皮包封美观、接口等部位精工细作，标识清晰，接地可靠。空调、热水泵机组减振可靠，噪声符合环保

图16　各种吊顶简洁美观

图17　饰面砖实体观感

图18　地下室地面平整洁净

图19　铝板和玻璃幕墙

图20　屋面实体照片

图 21　管道安装牢固、标识清晰

图 22　设备实景

图 23　配电柜、电箱实景照片

图 24　太阳能和光伏照片

图 25　自动扶梯、客梯照片

图 26　监控室、网络体验区

规定（图 22）。

（7）建筑电气工程

配电柜整齐美观，安装端正、固定牢固，接地灵敏可靠。箱柜内配线整齐、接线正确、线缆制作精良，箱内各回路等标识清楚，箱门接零和接地可靠（图 23）。

（8）节能工程

屋面太阳能热水安装规范、整齐划一，接地有效，标识清晰；光伏并网发电运行良好（图 24）。

（9）电梯工程

电梯呼叫按钮灵敏，动作灵活，停层准确，自运行以来无任何故障现象发生，运行平稳（图 25）。

（10）智能化工程

整个智能化系统先进、经济、适用且技术超前，成熟可靠（图 26）。

2.6　工程技术资料

本工程档案资料共计 10 个分部，60 卷，技术资料档案均按照规范要求进行归档，三级编目整理，内容完整、真实可靠，可追溯性强，已由常熟市城建档案馆验收合格。

2.7　新技术应用及技术攻关

（1）新技术应用

本工程应用了住房和城乡建设部十项新技术中的 7 大项、11 子项，江苏省建筑业 10 项新技术中的 3 大项、5 子项。

2017 年获江苏省新技术应用示范工程，本工程应用新技术的整体水平达到国内领先水平：主要应用住房和城乡建设部的有混凝土裂缝控制技术、高强钢筋应用技术、钢筋直螺纹连接技术、机电安装工程技术、预拌砂浆技术、粘贴式外墙保温隔热系统技术、铝合金窗断桥技术、聚氨酯防水涂料技术、施工现场远程监控管理及工程远程验收技术、工程量自动计算技术。应用江苏省新技术的有混凝土结构用钢筋间隔件应用技术、模板固定工具化配件应用技术、耐磨混凝土地面技术、高性能砂浆技术、工地木方接长应用技术。

（2）专利

根据本工程中应用的部分创新做法的总结成果申报国家专利且获得1项国家实用新型专利：梁体钢筋绑扎用的定位装置，专利号ZL 2017 2 0237298.7，授权日期：2017年10月10日。

2.8 绿色施工

本项目施工过程秉承节能降耗、绿色建筑理念，在节地、节能、节材、节水和环境保护等方面严格按照绿色施工工地进行。项目外墙采用岩棉保温及保温一体板、节能灯具、节水器具、节电设备、太阳能、光伏发电等节能措施以及屋顶绿化雨水回用等措施，处处体现绿色建筑环保节能理念（图27）。

3 工程获得的各类成果

2016年度第一批江苏省建筑施工标准化文明工地。

2017年度江苏省建筑业新技术应用示范工程。

永丰建设"沈波"QC小组《提高框架结构钢筋安装合格率》获2017年中施协优秀质量管理小组一等奖。

《梁体钢筋绑扎用的定位装置》获国家实用新型专利，专利号ZL 2017 2 0237298.7。

幕墙专项工程获2017～2018年度"中国建筑工程装饰奖"。

2019年苏州市"姑苏杯"优质工程。

2019年度苏州市城乡建设系统优秀勘察设计"三等奖"。

2019年江苏省"扬子杯"优质工程。

2020年中施协工程建设绿色建造设计水平评价"三等奖"。

2020～2021年度第一批"国家优质工程奖"。

4 经验总结

创建一个优质工程，首先应该严格落实国家有关法律、法规、规范和工艺标准；其次，建立健全的质量保证体系和完善的管理制度，合理的人员组织架构；创建目标明确；要以工程项目为核心，在实施前注重系统策划和科学部署；在实施过程中认真落实"技术先行、样板引路、过程控制"；在完成后善于总结，分析创建中存在不足和优点，吸取教训，不断的接收新的经验和思想，努力提高和改进施工方法和施工水平，增强人员的责任心，强化现场管理。

在今后的创建工作中，江苏永丰建设集团有限公司将积极推进以项目"精细化"管理为核心的工作机制，将"精心"是态度、"精细"是过程、"精品"是结果的"三精"理念融入项目管理中，为工程质量最终实现"过程精品"而努力。

（陶卫忠　谢爱萍　钱晓文）

图27　施工绿化和场地硬化、屋面绿化、地下室太阳能灯、节能灯和新风系统

17. XDG-2009-41 号 2-5 蠡湖香樟园 10# 楼工程
——江苏南通二建集团有限公司

1 工程简介

（1）工程名称：XDG-2009-41 号地块（2-5）蠡湖香樟园 10# 楼。

（2）工程类别：住宅小区组团。

（3）工程规模：蠡湖香樟园 XDG-2009-41 地块（2-5）工程由无锡融创绿城湖滨置业有限公司开发建设，位于秀美的无锡蠡湖边——中南路与鸿桥路交界处，北靠太湖大道，西临蠡湖风景区，交通便利、周边环境幽雅宜人，是一座做工精细、绿色环保、环境幽雅、高端智能的生态住宅小区（图 1、图 2）。

本项目由 8 栋多层住宅（5-1# ~ 5-8# 楼）和 5-9# 楼 ~ 5-12# 楼 4 栋超高层住宅综合组成，合计 12 栋楼，整个地块总建筑面积 155838m²，其中地上建筑面积 102350.6m²，地下建筑面积 46450m²。10 号楼概况见表 1。

（4）责任主体单位

业主：无锡融创绿城湖滨置业有限公司；

监理：无锡市三利工程建设监理有限公司；

设计：浙江绿城东方建筑设计有限公司；

勘察：无锡市建筑设计研究院有限公司；

总承包施工：江苏南通二建集团有限公司。

（5）工程备案单位：无锡市滨湖区住房和城乡建设局。

（6）承建单位及承建内容：

承建单位：江苏南通二建集团有限公司；

承建内容：工程总承包、土建工程、地基基础工程、安装工程、消防工程等。

2 工程特点、难点

（1）超长超宽地下室，结构变形控制难度大，通过纵横向设置 5 条后浇带，优化混凝土配比及施工工艺，确保地下室无变形开裂、无渗无漏（图 3）。

图 1 工程鸟瞰图

图 2 外立面实景图

图 3 技术人员优化配比

10 号楼概况   表 1

建筑面积	10 楼 18064m²	层数	地下二层，地上 44 层
相对标高	±0.00 相当于 5.400m	层高	住宅 3.1m 地下室 4.5m
开工时间	2015 年 5 月 12 日	竣工时间	2019 年 5 月 13 日

图 4　地下室防水施工　　图 5　屋面防水施工　　图 6　室内精装修效果

（2）工程防水总面积较大，质量要求高，攻克住宅工程渗漏水隐患施工难度大（图 4、图 5）。

（3）室内精装修要求高，涉及 86 种材料、43 种工艺做法。装饰造型复杂，节点构造实现困难，如何在装饰工程中精细化策划与优化设计也将是本工程的重大考验之一（图 6）。

（4）地下室面积大，保证地坪平整度、色泽一致，无空鼓、无裂缝，施工难度大（图 7、图 8）。

（5）地下室各专业大型管道相互交叉，各种管线纵横交错，施工配合、成品保护难度大（图 9、图 10）。

（6）小区智能化程度高、功能齐全，火灾自动报警及消防联动、安全防范系统、物业管理系统、公共广播系统等弱电系统多施工复杂，保证使用功能是本工程的重点（图 11）。

3　新技术应用情况

在施工过程中积极推广应用建筑业 10 项新技术中的 6 大项、9 小项，提高了工程质量和使用功能，促进了施工技术进步，并荣获 2020 年度江苏省新技术应用示范工程称号，经济效益显著，新技术应用水平达国内领先（表 2）。

图 7　地下室面积大　　图 8　地坪施工要求高　　图 9　安装管线纵横交错

图 10　机电安装系统复杂　　图 11　安全防范系统

住房和城乡建设部十项新技术应用情况表　　　　表 2

序号	推广应用新技术名称	分项名称	应用部位	数量
1	一、地基基础和地下空间工程技术	1.6 复合土钉墙支护技术	地下车库	233 延长米
2	二、混凝土技术	2.6 混凝土裂缝控制技术	基础、地下室、主体	8756m³
3	三、钢筋及预应力技术	3.1 高强钢筋应用技术	基础、地下室、主体	928t
4		3.3 大直径钢筋直螺纹连接技术	基础、地下室	6542 个
5	四、模板及脚手架技术	4.5 早拆模板施工技术	地库	1200m²
6		4.10 盘销式钢管脚手架及支撑架技术	楼板模板支撑架	67053m²
7	五、机电安装工程技术	6.1 管线综合布置技术	地下车库	19811m²
8	六、绿色施工技术	7.2 施工过程水回收利用技术	地库	1300m³
9		7.3 预拌砂浆技术	内外墙	278t

4　工程质量情况

4.1　地基与基础工程

（1）桩基础：采用泥浆护壁钻孔灌桩，共 163 根，低应变全数检测检测，Ⅰ类桩达 95.2%，Ⅱ类桩 4.8%，无Ⅲ、Ⅳ类桩；由江苏省无锡市湖滨建设工程检测站全数检测，单桩静载、单桩抗拔检测承载力满足设计要求。

（2）本项目共设 105 个沉降观测点，相邻观测点最大沉降差为 2.3mm；最后一次观测周期沉降速率小于 0.01mm/d，沉降均匀已稳定，结构安全可靠（图 12、图 13）。

（3）地下室一层，基坑最深处 -7.85m，支护结构为土钉墙支护。施工中加强过程监控，重点对周边环境、支护结构、地下水位等进行监测，施工过程中，基坑支护结构无变形、无位移。

（4）地下防水工程为弹性体改性沥青防水卷材、聚氨酯防水涂料，防水效果显著。整个地下室底板、顶板、墙板均无渗无漏（图 14、图 15）。

4.2　主体工程

（1）模板工程采用了集团自主研发的剪力墙三道支撑体系、防烂根处理、高低差型钢吊模、可调夹具、模板免开洞等技术，模板拼缝严密，无胀模、漏浆等现象，使得混凝土成型质量表面平整、光滑、截面尺寸准确，无明显色差，达到清水混凝土效果（图 16~ 图 19）。

（2）钢筋工程先检后用，绑扎横平竖直，保护层采用塑料限位件，固定方便，位置准确。

（3）加气混凝土砌块砌筑规范，采用加气块免开槽施工工艺，使得各类实测实量数据均符合规范要求。构造柱按规范及图纸要求设置。构造柱封模时，模板面设专用嵌条，墙面

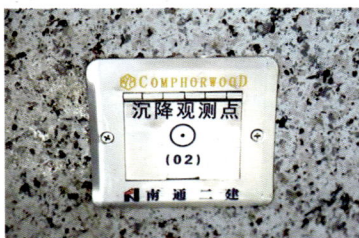

图 12　沉降观测点

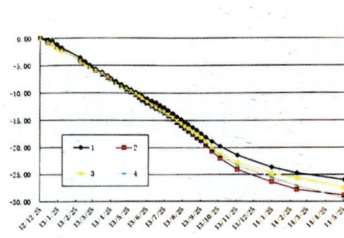

图 13　沉降曲线图

图 14　地下室墙板无渗漏

图 15　地下室顶板无渗漏　　　图 16　剪力墙三道支撑体系　　　图 17　剪力墙防烂根处理

图 18　高低差型钢吊模　　　图 19　模板免开洞技术　　　图 20　加气块免开槽施工工艺

贴双面止水胶带，避免漏浆，采用对拉螺栓进行加固（图 20）。

（4）梁、板、柱结构尺寸准确，柱梁轴线位置偏差在 4mm 以内，截面尺寸偏差控制在 −2 ~ +4mm 以内，表面平整度偏差均在 5mm 以内。主体结构全高垂直度偏差 10mm，小于规范允许值 24mm，楼层层高最大误差 3mm，小于规范允许值 5mm。该工程主体结构外光内实，无结构裂缝（图 21）。

4.3　建筑装饰装修工程

室内甲醛、苯、TVOC、甲苯、二甲苯 5 项指标，检测 6 批次，监测 167 点位，抽检合格。

室内有防水要求房间，材料复试合格，蓄水试验共 245 批次，无渗漏。

各类原材料复试合格，木材甲醛释放含量、石材放射性等指标符合要求（图 22）。

4.4　屋面工程

屋面防水等级为一级，采用刚柔结合多层防水；防滑地砖饰面，经蓄水试验和半年来的风雨考验无任何渗漏。防滑面砖表面洁净，设备基座周边施工精细。整个屋面整洁美观，细部处理得当，装饰效果俱佳（图 23、图 24）。

图 21　结构外光内实，无裂缝

图22　室内精装修

4.5　建筑给水排水工程

给水排水工程管道布置合理、排列整齐，接口严密，水压试验合格，输水流畅，无渗漏。生活给水经冲洗、消毒和检测，符合国家生活饮用水标准。

机房设备固定牢靠、运行平稳，各种阀、部件排列整齐，压力稳定，管道安装顺直，固定牢靠，坡度准确，排水通畅，色标醒目，穿墙管道周边封堵严密，运行中无"跑冒滴漏"现象。

消防系统管道安装顺直，运行可靠，消防、喷淋各系统联合调试一次成功（图25~图28）。

4.6　建筑电气工程

电气工程各类原材料复试合格，各类测试满足设计及规范要求，并通过了无锡市气象局的防雷专项验收。

高低压配电室成列配电柜排列整齐，布置合理，安装稳固。

桥架安装牢固，跨接规范、无遗漏、柔性防火封堵严密（图29~图32）。

4.7　通风与空调工程

地下室风机安装端正，隔振装置齐全有效；防排烟系统联动调试合格。

地下室风管安装严密，厚度符合设计要求，运行时无振动、无噪声（图33、图34）。

4.8　智能化工程

智能建筑工程共包括10个系统，各系统经严格调试信号灵敏，功能完善，使用效果良好（图35~图38）。

图23　屋面全景图

图24　屋面局部图

图25　给水排水管道安装顺直

图26　标示清晰

图27　消防管道安装顺直、标示清晰

图28　设备运行平稳

图 29 高压配电柜安装稳固

图 30 强电间配电柜安装牢固

图 31 桥架安装顺直

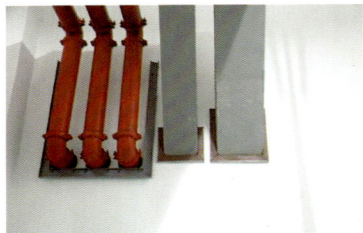
图 32 防火封堵严密

图 33 风机房

图 34 风管安装平直

图 35 视频监控

图 36 消防监控

图 37 火灾报警

4.9 电梯工程

本工程共设有 2 部曳引式电梯。电梯导轨间距、支架水平度符合规范要求。电梯运行平稳，平层准确。电梯"空载""50% 额载""满载"三种工况试验和电梯超载试验符合要求。

2 部电梯均通过了无锡市特种设备监督检验技术研究所的验收（图 39）。

4.10 节能工程

工程按照综合节能 50% 设计，幕墙玻璃耐热性、可见光透射比检测合格，系统节能性能检测合格，节能专项验收合格。外墙岩棉保温板复试 6 组，屋面聚苯保温板复试 6 组，系统节能性能检测合格，节能专项验收合格。

图 38 门禁系统

图 39 电梯前室

5 工程主要特色亮点

（1）传承工匠精神，铸就一流品质，5 大特色分列如下：

特色 1：小区智能化程度高，出入人车分离，同时小区安防系统严密，采用了智能识别停车、可视对讲视频、进出入门禁刷卡、公共

图40 出入口人车分离

图41 出入口门禁

图42 智能停车识别系统

图43 监控摄像头

图44 毛坯空间尺寸合理，无通病

图45 装饰空间尺寸控制合理，无通病

部位监控、110联动等一系列安保智能系统，目前整个小区安防保卫工作零案件、零投诉（图40~图43）。

特色2：住宅质量观感统一，无渗漏、空鼓、开裂、起砂等住宅通病，净空尺寸控制合理、层高极差均控制在4mm以内。卫生间采用同层排水设计，卫生洁具安装牢固整齐，墙地面石材深化设计，对缝粘贴、牢固、无空鼓。

所有卫生器具逐个进行冲水试验，排水通畅无渗漏（图44~图48）。

特色3：屋面采用防滑面砖饰面，分隔合理、透气孔美观耐用。水刷石泛水工艺精湛，不锈钢压条顺直通畅。出屋面透气管包边美观、接地良好，落水口水簸箕做工精细。设备基座周边施工细腻。整个屋面整洁美观，细部处理得当，装饰效果俱佳（图49~图56）。

图46 卫生间无渗漏

图47 洁具安装牢固

图48 墙面石材分中对称、粘贴牢固

图49 屋面防滑砖饰面

图50 屋面透气孔

图51 屋面水刷石泛水、不锈钢压条

图 52　屋面透气管

图 53　透气管基座

图 54　屋面雨水管

图 55　落水口水簸箕

图 56　屋面设备基座

图 57　地下室耐磨地坪

特色 4：地下室耐磨地坪，分隔缝设置合理，色泽一致，平整如镜，无裂缝、空鼓、渗漏、积水现象（图 57）。

特色 5：本项目设备安装牢固、排列整齐；设备与管线连接正确，接口严密，仪表阀门标高朝向一致。机电安装各类管道，全数无一处跑、冒、滴、漏，系统调试一次成优，3924 个排水端口通畅，无渗漏（图 58~图 61）。

（2）15 个亮点，做到精雕细刻：

亮点 1：厨房间橱柜安装美观牢固，灶具、油烟机运行良好（图 62、图 63）。

亮点 2：室内石材地面色泽均匀，镶贴合理，拼缝均匀（图 64、图 65）。

图 58　设备安装稳固

图 59　设备与管线接口严密

图 60　设备仪表阀门朝向一致

图 61　末端设备无滴漏

图 62　厨房间橱柜安装美观牢固

图 63　灶具、油烟机运行良好

亮点 3：内墙壁纸粘贴牢固、平整、细腻、色泽一致、接缝严密、纹路对应（图 66、图 67）。

亮点 4：室内插座预埋位置精确，安装平整无缝隙，标高尺寸统一（图 68）。

亮点 5：楼梯踏步粗活细作，高宽一致，扶手安装细腻，高度满足功能要求（图 69）。

亮点 6：汽车坡道面层采用环氧树脂喷砂技术，坡度正确、角线圆滑顺弧、消声耐磨、防滑耐用（图 70）。

亮点 7：管道支、吊架设置通过受力计算，制作、安装均通过策划，成型后横成线、竖成行、斜成列（图 71~图 73）。

亮点 8：给水排水管道坡度准确，排水通畅，色标醒目，穿墙管道周边封堵严密美观（图 74、图 75）。

图 64　石材地面色泽均匀

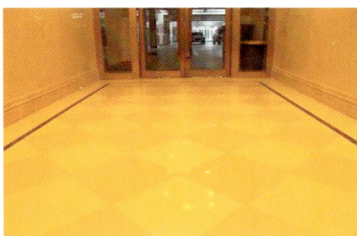

图 65　镶贴合理、拼缝均匀

图 66　内墙壁纸粘贴牢固

图 67　接缝严密、纹路对应

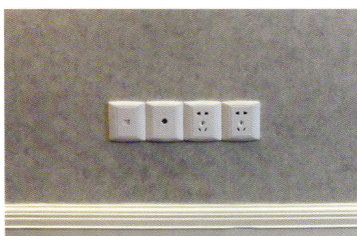

图 68　室内插座预埋位置精确、标高尺寸统一

图 69　楼梯间粗活细作

图 70　汽车坡道美观耐用

图 71　支吊架布置合理

图 72　支架布置合理

图 73　末端设备成行成线

图 74　给水排水管道坡度准确，排水通畅

图 75　穿墙管道周边封堵严密美观

图 76　消防系统设备安装布置紧凑，运行正常

亮点 9：消防系统设备安装布置紧凑，运行正常；油漆色泽均匀，标识清晰完整（图 76）。

亮点 10：设备基础、排水沟槽规整、美观，设备机房洁净清爽（图 77、图 78）。

亮点 11：配电箱、柜排列整齐，接地良好，配线整齐，标识清晰（图 79、图 80）。

亮点 12：桥架安装准确，跨接正确无遗漏（图 81、图 82）。

亮点 13：避雷带敷设顺直、引下线标识醒目；室外防雷测试点安装平整（图 83~图 85）。

亮点 14：风管安装牢固、平稳、端面平

图 77　设备基础、排水沟槽规整

图 78　设备机房洁净清爽

图 79　配电箱、柜排列整齐

图 80　强电间排列规整

图 81　桥架安装正确

图 82　跨接无遗漏

图 83　避雷带敷设顺直

图 84　引下线标示醒目

图 85　防雷测试点美观

图 86　风管端面平行

图 87　风管安装牢固

图 88　监控室

图 89　消防报警

图 90　废料利用

图 91　工厂定制

图 92　洒水清洗

图 93　太阳能利用

图 94　扬尘控制

行（图 86、图 87）。

亮点 15：智能化设备整洁美观，线路规整，系统运行稳定，视频监控图像清晰（图 88、图 89）。

图 95　雨水回收

图 96　噪声监控

6 "四节一环保"施工控制

在本工程施工过程中，通过科学管理和技术进步，最大限度地节约资源，减少对环境负面影响。过程中采取了雨水回收、扬尘控制、工厂定制、废料回收等 21 项绿色施工措施，实现了"四节一环保"的施工活动，实施效果明显（图 90~图 97）。

图 97　草皮植被

7 工程资料情况

项目依法完成工程立项、用地许可、规划许可、施工许可等，手续齐全，程序合法。

规划、环保、消防、电梯、防雷、水质、室内环境、建筑节能等专项检测、验收符合要求。

施工技术资料与工程进度同步，技术资料完整，主要建筑资料、建筑构配件和设备的合格证、报告齐全，能正确反映工程的质量和进度情况。

本工程从开工至今，所获荣誉有：

2020 年度无锡市太湖杯

2021 年度江苏省扬子杯

获 2017 年度"江苏省文明工地"称号

（黄昌　陈建辉　周善传）

18. 徐州市第一中学新城区校区建设工程
——江苏集慧建设集团有限公司

1 工程概述

徐州市第一中学新城区校区建设工程位于徐州市汉源大道西侧、奥体中心对面，该工程于2015年12月开工，2019年6月竣工。2019年11月完成竣工备案。该工程建设单位为徐州市第一中学，由深圳市建筑设计研究总院有限公司设计，江苏盛华工程监理咨询有限公司监理，江苏集慧建设集团有限公司施工总承包。一标段建筑面积为72011.5m²，其中地上五层建筑面积54522m²，地下一层建筑面积17489.5m²，框架结构。本工程设计标高±0.000，相对于黄海高程40.50m。建筑防火设计分类为二类高层建筑，耐火等级为一级；本工程抗震设防按基本抗震烈度7度设防，地下室防水等级为二级，屋面防水等级为二级，使用年限50年（图1~图4）。

徐州市第一中学新城区校区建设工程由江苏集慧建设集团有限公司施工总承包，各级领导都寄予厚望，要求我们在总结徐州市第二中学新校区工程施工经验的基础上更上一层楼，把徐州市第一中学新城区校区建成江苏省"扬子杯"优质工程。我公司针对该工程施工技术难度大，工程涉及面广、质量要求高的特点，按照ISO9001标准要求，高起点、高标准、严要求，精心组织，精心施工，精心管理，严格控制，不断创新，大力采用新技术、新工艺、新材料，自我加压，使该工程质量始终处于监控状态。最终荣获了江苏省"扬子杯"优质工程奖，取得了良好的社会效益和经济效益。

2 工程创优管理

2.1 健全机构，目标管理

江苏集慧建设集团有限公司首先挑选了有着丰富施工经验的优秀建造师苗沈杰、项目工程师吴计果负责管理。项目经理部着手组建了强有力的现场施工管理班子，选择了素质过

图1 工程鸟瞰图

图2 工程外景

图3 工程细节1

图4 工程细节2

图 5 工程细节 3

硬的专业施工队伍，为集团公司在本工程的施工创优奠定了坚实的基础。项目经理部设立了以建造师苗沈杰为组长的质量领导小组和由项目工程师吴计果负责指导的 QC 攻关小组，形成了有效的管理网络，制订了切实可行的施工、质量、安全文明管理制度，明确了岗位责任。精品工程必须依赖于人的质量意识和精品目标，集团公司从员工到项目经理及公司总工等每一位员工都围绕确保"扬子杯"这一质量目标，坚持把创精品工程的意识贯穿于整个工程建设中，贯彻"单位工程一次验收合格率100%，用户满意率 100%"的质量方针，确保工程创优，实现用户满意。各参建单位默契配合，形成合力，精心打造，强化管理，为最终实现目标共同努力。

2.2 过程控制，强化检查

为确保创出精品工程，我公司严格按照规范要求施工，遵循《建筑工程施工质量验收统一标准》GB 50300–2013 中"强化验收，完善手段"的指导思想，加强对工程施工质量的验收和全过程质量控制，严格执行"三检制"，强化质量检查制度，并制定比国家标准要求更高的内部标准来组织施工及验收（图 5）。

2.3 加强业务学习，掌握规范标准

项目管理人员做好自身的系统学习，严格进行内部考核，全面了解掌握、运用新规范、新标准，对设计文件和施工图纸进行了认真研究，必要时向有关专家请教。通过系统学习，全面了解施工管理内容和需要重点控制的分部、分项等关键部位。

2.4 广开眼界，加强学习

项目部在施工过程中多次组织技术人员向其他兄弟单位施工在建的工程进行参观，学习他们的施工经验，丰富自己的专业知识。在工程中相互检查、考核，展开劳动竞赛，实行工资待遇与质量考核结果相挂钩，以外部环境刺激与内部激励机制相结合，促使职工队伍素质得到不断的提高，从根本上保证了工程的施工和管理水平（图 7）。

2.5 方案先行，科学管理

本工程不论是主体阶段土建安装还是装饰阶段都采用了新设备、新材料、新工艺。在工程开工之初，集团公司技术部根据工程的实际情况编制了详细的施工组织总设计，项目部在此基础上又针对各单体工程、关键工序编制了具体的施工方案，并对各工种施工进行认

图 6 业务学习

图 7 工程外部效果

真、详实的质量标准、安全施工技术交底，统一思想、统一标准、统一要求。在工程质量管理上以"预防"为主，实施过程检查，强化各项制度落实，使每个施工环节均处于受控状态中。

建造师和项目工程师带领工程技术人员进行施工方案制定时，一切都围绕"精品工程"展开。施工方案制定详细，坚持"一切以数据说话"和"尊重科学，尊重数据"，保证了方案的切实可行性。在施工过程中很多问题得到控制，迎刃而解。如：外墙干挂花岗石施工方案中详细制定出严格的成品保护措施，使整个外墙面在施工中没有损坏，表面平整光洁，色泽均匀一致，凹凸线条自然流畅，观感良好，达到了施工方案既定的目标（图7）。

施工单位还十分重视在工程施工前组织专业技术人员进行图纸会审，不论工期多么紧迫，我们首先要组织进行图纸会审，通过审图及时发现和解决设计中存在的问题。从而避免了施工后再返工而影响工程质量的现象。

2.6 现场隐蔽，过程精细

该工程在整个施工过程中实施了全过程质量控制手段，健全了质量管理和保障体系。工程上所用的主要材料、半成品、成品、建筑构配件、器具和设备都进行了现场验收，并全数报验检测。对工程中涉及安全功能的相关产品，都严格按照各专业工程质量验收规范规定进行检测复验，期间得到了建设、监理、设计等单位的大力支持，并依照执法监督程序和国家有关验评标准，对各主要分项隐蔽工程进行检查验收，手续齐全。原材料试验、试块制作

由监理工程师进行现场见证取样测验。对于关键施工工序进行技术交底，各施工班组经过精心组织施工，工程进展一切顺利，杜绝了工程质量事故的发生。

2.7 关键部位，QC攻关

本工程地下篮球馆、羽毛球馆等空间采用了9.85m高10t重型钢柱，由于型钢柱、重量大、最远吊距57m，给吊装、校正增加了很大施工难度，为保证钢结构安装质量，必须采用合理的安装工艺、校正方法，特别是对于安装校正超高超重的钢柱更显其重要性。如何把重钢结构柱安装质量控制在施工规范规定范围内，是工程创优的一个关键。为实现这一目标，项目部开工之初成立了QC攻关小组，围绕重钢结构柱安装质量的控制展开了QC活动，获得了徐州市QC小组活动一等奖、江苏省工程建设优秀质量管理小组活动成果三等奖（图8）。

通过QC小组活动，在现场监理及业主的帮助与支持下，整个工程的重钢结构柱安装一次性验收合格，合格率达到100%，优良率达到95%，创下了江苏集慧建设集团有限公司施工的新纪录，得到了业主、监理单位、质监站及有关部门的好评。

2.8 样板引路，实行预控

对每个重要的分项工程，我们均实行样板引路制度。由所有技术人员共同参与，确定一个样板，然后全面展开，保证了工程的整体水平。如外墙采用干挂花岗石先后经过两次样板引路的施工和改进，一直到质量优良，外观满意为止（图9）。

图8 获奖证书

图9 工程细节4

2.9 密切配合，精工细作

在整个工程施工中因工种较多，交叉施工难度大，协调各工种之间的配合是工程管理中的重要手段。项目部所有管理人员在施工前统一思想，统一策划，制订策划书和目标责任书。在施工队伍进场前着重对工种之间协调工作进行交底，施工当中进行现场协调，经过一系列必要的工作，各工种之间配合默契，相互帮助，共同努力，极大地减少了因交叉施工的配合失误而导致工程质量发生问题，减少了返工现象。项目管理人员不仅在工程技术交底、工作会议中协调工作，还坚持深入施工现场，与各施工班组、施工操作人员一道详细研究解决工程细部工作的具体问题，并由施工人员贯彻下去，严格按标准要求进行施工。因项目部管理人员严谨的工作作风和精益求精的工艺质量，最终取得了良好的观感效果。在申报江苏省"扬子杯"工程时徐州市土木建筑工程质量监督站和徐州市建设局给予推荐精品工程（图 10）。

2.10 及时记录，完善资料

我公司不仅在工程硬件施工中，坚持高标准，严要求，工程施工软件的管理上我们也力求完美。工程资料归档工作由项目部技术员主抓，专职资料员负责落实、完成，切实将工程资料的整理、归档工作落到实处。我们要求资料收集及时、准确，内容真实齐全，资料整理格式完整、版面统一。

从工程的开工到竣工我们共收集、整理、编制技术管理资料、保证资料，质量验收资料、施工记录资料和安全、文明创建资料等 2170余份，做到交底有记录、验收有评定、交接有签证，工程实物技术资料归档完整、真实、齐全、符合备案管理要求，为工程保修提供了真实有效的依据。

3 文明施工，狠抓安全

安全责任重于泰山，安全生产重在落实。江苏集慧建设集团有限公司在徐州市第一中学新城区校区建设工程一标段工程的安全生产工作中，始终坚持"安全第一、预防为主"的安全生产方针，依据现行国家标准《建筑施工安全检查评分标准》JGJ 59和各项安全生产法律、法规，狠抓安全生产管理（图 11）。

加大施工现场的安全投入，是实现安全生产，防止和减少事故发生的基本条件。为使现场的各项防护达到住房和城乡建设部发布的工程建设强制性标准安全要求，工地现场临时施工用电都采用了 NT-S 系统，使用了五芯电缆、配电系统采用三级配电两级保护。改变了施工用电混乱、电线乱拉乱搭、漏电保护缺乏、配电箱简陋的现象；脚手架全部采用定型钢管搭设。电梯洞口安全防护门，全部做到定型钢化。上料口防护棚、机械操作棚均采用两层

图 10　工程细节 5

图 11　文明施工现场

搭设防护，由于加大现场防护整改投入，增加了安全生产保护系数，改善了施工现场面貌，奠定了良好的安全基础，确保安全生产的正常运行。

安全文明施工是反映项目管理水平的尺度，工程管理的进步与不足均能在文明施工中得到体现。我公司在工程开工时就把创建市级、省级"安全文明标准化工地"定位安全生产工作目标，确保施工中重大安全事故为零。为了实现这一安全目标，公司安全部和项目部自上而下建立了一个以项目经理为第一责任人的安全、文明施工管理网络，制定各项安全生产管理制度，做到职责明确，责任到人，奖惩分明。要求各个参建班组班前有交底，班后勤检查，加强预控措施。将事故隐患消灭在萌芽之中。施工现场各种警示牌齐全，安全网张挂标准、脚手架搭设规范，施工场地工完料清。职工宿舍及食堂有专人管理，并建立相应的卫生管理制度。该工程在主体施工期间被评为江苏省建筑施工标准化文明工地称号（图 12）。

图 12　获奖证书

4　工程重点、难点分析及对策

4.1　技术创新，精细操作

为了确保"精品工程"这一质量目标的实现，本工程在施工中大胆创新，努力提高工艺质量，特别在新工艺、新技术上下足功夫，不仅使传统工艺上有了创新，还在传统的观念上有所突破。特别是门厅钢筋混凝土框架柱梁现浇施工，配以异型模，特殊的夹具、对拉螺栓和其他组件连接，组成快速拆模体系，加快了模板周转时间，模板支设水平达到了清水混凝土要求，为后续装饰装修创造了良好的条件。对于框架结构主体施工，项目部配有专业技术人员进行模板设计、论证，使框架混凝土成型无蜂窝、麻面，表面光滑平顺，观感极佳（图 13）。

墙体砌筑采用加气混凝土砌块填充墙绿色节能材料，其作用为节约能源，减轻建筑物自重。外墙面采用干挂花岗石施工技术，屋面保温采用挤塑聚苯乙烯保温隔热板技术，门窗采用钢塑保温窗技术。这些新材料、新技术的应用提高了施工技术含量，节约了自然资源，提高了工程的整体建设水平（图 14）。

4.2　科技创新，稳步实施

在工程管理中，我公司通过运用 EXP 软件，加强网络进度管理，根据网络进度的要求进行人力资源和施工机械的配置及材料设备的供应，并根据材料设备和图纸供应情况的变

图 13　混凝土实拍

图 14　加气混凝土砌块　　　图 15　获奖证书

化及时修正更新网络计划，从而使工程的施工进度有了更为科学的管理方法和手段。

在本工程施工中运用微机制作的装饰效果以及科学的管理方法；使用电脑对地面、墙面装饰花岗石、陶瓷锦砖施工进行了模板排版；应用计算机智能化技术编制预（决）算，进行成本分析；应用计算机，编制了严谨的工程资料，使资料档案的管理在电子化、信息化程度上又上了一个新台阶。

江苏集慧建设集团有限公司围绕确保"扬子杯"、创"精品工程"的目标，积极和建设方加强沟通，全面履行施工合同。工程资料全数合格，混凝土、砂浆试块合格率 100%，工程保证资料齐全，技术资料完善，竣工验收评定为优良工程。竣工后，被徐州市住房和城乡建设局和徐州市建筑行业协会评为徐州市"古彭杯"优质工程金奖，被江苏省住房和城乡建设厅评为江苏省"扬子杯"优质工程奖。江苏集慧建设集团有限公司用自己辛勤的汗水，不断的完善、探索、学习、进步，取得了工程文明施工与工程质量的双丰收（图 15）。

5　结束语

江苏集慧建设集团有限公司徐州市第一中学新城区校区建设工程项目部的建设者们并不满足于这些已经获得的成果，而是将眼光瞄向更高、更远的地方。今后我们将针对建设中出现的技术难题有组织、有计划地预先研究组织攻关，努力通过科研成果转化、施工方案优化、关键技术创新来深化推进工程建设质量。

我们不仅要一如既往地打造"精品工程"，而且应更加完善质量管理体系，坚持严格要求、严格制度、严格管理、严格责任，不断提升施工质量水平，在科技创新中寻求高质量发展，努力获取更好的社会信誉。

（马礼玉　冯复强）

19. 中广核苏州科技大厦 ——苏州第一建筑集团有限公司

1 工程简介

中广核苏州科技大厦，位于苏州西环路西、热工院南，总建筑面积90260.94m²（地下建筑面积24068.29m²，地上建筑面积66192.65m²），建筑高度98.7m。结构层次：地下2层、地上3~23层；其中主楼23层，辅楼11层，裙房3、4层。结构类型：塔楼为钢筋混凝土框架核心筒结构，裙房为钢筋混凝土框架结构。

建设单位为苏州热工研究院有限公司，施工单位为苏州第一建筑集团有限公司，设计单位为东吴建筑设计院有限责任公司，监理单位为中衡设计集团工程咨询有限公司。工程于2015年8月18日开工，2018年12月31日竣工。

工程位于苏州姑苏主城区，是城区范围内不多的大体量工程，位置处于主干道干将路、三香路、西环路高架的交界，社会影响力大（图1~图3）。要求在文明施工、标准化施工、绿色施工方面要做到高标准、严要求。是一所集科研、办公的现代化大厦，使用至今，未发现质量问题，同时在新技术和绿色施工技术应用和推广上取得了良好的效果，得到了建设单位和社会各界的一致好评。

2 精心策划、样板示范、过程创优

工程施工招标时即确定创"扬子杯"工程的质量目标。中标后，围绕创"扬子杯"优质工程奖，扎实践行精心策划、样板示范、过程创优的管理理念，坚持管理创新、技术创新，建立健全了科学有效的质量保证体系，制定了先进、高效、节约的技术措施，圆满完成了施工任务。

2.1 精心策划，谋在事前

创优抓源头、抓前头，中标后召开首次创优策划会议，实施前重点对细部、细节进行再策划以求完美，总包项目部编制了《创优策划书》等指导文件，对各专业均提出了明确的创优要求和措施。有效的避免了返工、重复作业等，显著地减少浪费，为实现高效创优、节约创优打下了坚实的基础。

2.2 方案交底，主抓执行

各专业、各分部分项工程施工前均编制了科学合理的施工方案，共30多篇。超过一定规模的危险性较大分部项工程施工方案均组织专家进行论证，一些关键性施工方案则召开专题会议进行研讨。分部分项工程实施前，管理人员对作业班组进行专项技术交底，要求作

图1 中广核苏州科技大厦鸟瞰图

图2 中广核苏州科技大厦东立面图

图3 中广核苏州科技大厦西立面图

业人员都准确掌握作业内容、方法、工艺要求、质量标准和注意事项。

为保证方案、交底的落实，项目部建立了全面的技术质量管理体系，从总包到分包，从项目经理到一般管理人员，职责明确、脉络清晰、渠道畅通，施工质量控制始终处于良好的状态。

2.3　样板示范，标准明确

本工程大的方面如外立面样板单元、室内装饰样板间等，小的方面如墙面阴阳角、支架防护墩等均在大面积施工前先按"扬子杯"质量标准做出样板，组织相关工种操作工人到现场进行观摩、交底，工人们切实掌握工艺标准和操作要领后才开始大面积施工，从而保证了相同工序平稳的高质量水平。

2.4　过程验收，一次成优

总包及各专业分包项目部建立和完善了质量检查验收制度、材料检验制度和重要部位中间验收制度。

对基础、主体、钢结构、水电安装、装饰工程等关键工序项目部设置质量管理点，强化过程检查和验收，并实行工序质量否决制，保证了工程质量始终处于高水平状态，工程一次成优。

3　工程施工难点与新技术应用、绿色施工技术应用情况

3.1　工程施工难点

（1）采用桩筏板、桩承台基础，地下室底

板厚度为800~2000mm，在施工前编制大体积混凝土施工方案，采用优化混凝土配合比设计方式来控制混凝土的裂缝，施工中通过控制浇筑层厚度，施工时严格控制混凝土的坍落度及浇筑顺序、浇筑后对混凝土覆盖养护，并展开温度监控，记录数据控制温差，有效防止混凝土裂缝的产生，保证了基础混凝土施工质量（图4）。

（2）地下室单向长度超过100m，地下室金刚砂耐磨地坪面积约24000m²。耐磨地面施工采用"抗""放"的形式设置胀缝和缩缝，分段跳仓浇筑，浇筑完成后及时切缝。严格控制原材料质量、混凝土配合比，加强养护等手段，有效地避免了超长楼面混凝土容易产生裂缝的质量通病（图5）。

（3）A区10-14/B-C轴区域存在型钢混凝土柱结构，劲性混凝土柱内钢柱总高度为地下室中板（-5.250m）至5层楼面（+19.300m），共24.550m。劲性混凝土柱施工分为制作、运输、安装三阶段。型钢运至现场→吊装→安装、校正并焊接固定→搭设支模排架→绑扎柱钢筋→支柱模板→焊接箍筋→验收钢筋→浇筑混凝土→养护。劲性钢柱、梁吊装采用现场大吨位塔吊吊装，从而加快总体安装速度（图6、图7）。施工中严格控制焊接质量，确保结构安全的同时保证了施工质量。

（4）作为高层建筑，剪力墙部位接缝的施工质量是工程验收的重要指标，尤其是核心筒区域接缝的施工质量更是重中之重。经过多方

图4　底板浇筑混凝土

图5　地下室地坪

图6　混凝土劲性柱

图7 混凝土劲性梁

图8 江苏省工程建设优秀质量管理 小组二等奖

图9 石材地面

比较，采用锥形螺杆替代传统螺杆，减少了混凝土等材料损耗，并大大改善了接缝部位的施工质量，达到了降低使用成本，提高质量和工效的目的。由此总结的QC成果获得了江苏省QC成果二等奖（图8）。

（5）主楼大厅采用石材地面，保证整体平整、拼缝纵横顺直、控制缝宽一致，精心处理与柱、墙等的界线无疑是施工控制的一大重点（图9）。

（6）本工程安装系统多，管线复杂，通过BIM技术的运用，建立了一套完整的三维数据模型，并预演了管线综合布置的最佳方案，避免了各安装管路、管线交叉打架、衔接不当而造成的返工浪费，提升了安装工程施工质量（图10）。

（7）本工程风口、灯具、喷头、探头等的安装与装饰面配合要求严密、牢固、美观。因此，必须做好与装饰工程的配合。为确保风口、灯具、探头、喷头等的搭配美观，各专业间要

进行图纸深化设计，进行内部会签，在征得设计、监理和业主的认可后，进行统筹考虑，合理布局（图11）。

3.2 新技术应用

本工程施工中共应用了住房和城乡建设部十项新技术中的10大项22小项，江苏省十项新技术中的5大项10小项，取得了良好的成果和综合效益，通过江苏省新技术应用示范工程验收（图12）。

3.3 绿色施工技术应用

节材、节水、节能、节地和环保实施情况：

（1）节材与材料利用

选择就近取材的原则，材料产地距离施工现场都在500km范围内。钢材使用沙钢和永钢距离现场90km。混凝土公司，距离现场12km左右。

现场周转设备由分包单位、劳务单位包干，实行节奖超罚，同时充分利用公司内部自有物资，本工程主要材料损耗率均低于预算损

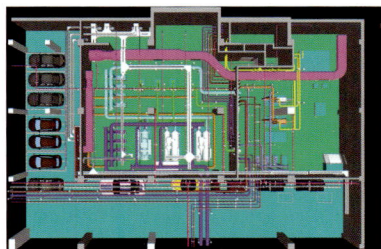

图10 管线碰撞问题优化BIM图型

图11 主楼大厅实景图

图12 虚拟仿真施工技术、附着式脚手架技术

耗值。提前做好材料计划，合理安排、就近采购，进行材料过磅计量，避免损失（图13）。

现场使用标准化设施，采用定型防护栏杆，定型钢结构防护棚，定型配电室防护笼（图14~图16）。

采用商品混凝土，混凝土中采用粉煤灰、矿粉膨胀剂、防水剂等。钢筋连接采用机械连接。减少钢筋搭接。

（2）节水与水资源利用

施工现场生产用水处设置明显节约用水标识及宣传牌。为了保证基坑降水不会影响到周边地下水水位，基坑采用双层止水帷幕，封闭降水，保证基坑外地下水位。采取其他水资源利用，本工程管井降水至主体结束，利用管井水、现场排水沟雨水汇流，在北出入口处设置蓄水池，蓄水池长3.2m，宽2m，内分过滤池与存水池，在存水池内设置高压水泵，该水可以用作现场防尘、混凝土养护、建筑用水、厕所冲洗及汽车冲洗等。生活区设置雨水收集装置，收集的水可以用来冲洗厕所，给绿化浇水等（图17）。

（3）节能与能源利用

施工现场实行施工、生活、办公用电区分。每月进行指标统计、分析、对有浪费现象及时纠正。现场使用节能灯具。楼梯间及地下室部位全部采用LED灯。

生活区设置专门的限流装置，可以控制宿舍的用电及限制宿舍用电设备的功率（图18）。

工地实行用电计量管理，严格控制施工阶段的用电量，办公区与施工区用电分别计量，各主要耗能设备严格计量，及时收集用电资料，建立用电统计台账，提高节电率。

（4）节地与土地资源利用

施工现场布置实行动态管理，分阶段制定多套方案进行比较、优选。采用钻孔灌注桩等基坑围护方式，大大节约了施工用地。

合理利用生活区的场地，在符合消防要求及满足住宿要求的前提下，减少土地的使用。

施工现场和生活区均实现了硬化和绿化，不仅减少了扬尘，还避免了水土流失。

图13　施工现场地泵

图14　定型防护栏杆

图15　钢结构防护棚

图16　定型防护笼

图17　雨水收集与利用

图18　限流装置

图19　现场喷雾机、防尘网布

（5）环境保护

现场施工标牌设置了环境保护内容，醒目位置设置了环境保护标识及宣传标语，营造绿色施工氛围。

施工现场制定了清扫、洒水制度，配备设备，指定保洁人员专人负责。车辆进出场进行清洗。土方车进出采用封闭加盖车辆，基础上部全部采用防尘罩，将扬尘污染降到最低（图19）。

现场大型照明灯具设置防止强光外泄的措施。施工现场围墙边设置噪声监控点，监测方法执行《建筑施工场界环境噪声排放方法》GB 12523—2011，噪声值不应超过国家或地方噪声排放标准。

工程荣获2016年度江苏省建筑业绿色施工示范工程、第六批全国建筑业绿色施工示范工程。

4　工程质量特色

4.1　地基与基础工程

本工程主楼、辅楼采用钻孔灌注桩，100%通过声波透射法完整性检测。其中主楼Ⅰ类桩141根（占98.6%），Ⅱ类桩2根（占1.4%），无Ⅲ、Ⅳ类桩；辅楼Ⅰ类桩123根（占100%），无Ⅱ、Ⅲ、Ⅳ类桩；桩静载检测14根，单桩竖向抗压、抗拔承载力特征值满足设计要求。

4.2　主体结构

本工程主体结构混凝土内实外光、尺寸准确、棱角分明饱满、节点部位方正美观。轴线位移偏差3mm以内、表面平整度偏差4mm以内，结构所使用钢材的品种、级别、规格和数量满足设计要求，墙体采用蒸压加气混凝土砌块、墙体垂直、平整度偏差5mm以内（图20）。

4.3　装饰装修

（1）外立面采用单元式板块玻璃幕墙、构件式玻璃幕墙、石材幕墙。幕墙安装精确，稳定牢固，立面分格均匀平顺。幕墙"四性"检测符合规范及设计要求（图21）。

（2）地下室耐磨地坪平整光洁无裂缝，分隔缝纵横顺直、宽度一致（图22）。

（3）石材地面拼缝纵横成线、缝宽一致无色差，整体平整，平整度<1mm，缝格平直<2mm，接缝高低差<0.5mm（图23）。

图20　混凝土结构实体

图21　玻璃幕墙、石材幕墙

图 22　地下室耐磨地坪

图 23　石材地面

图 24　吊顶

图 25　石材饰面

（4）吊顶造型、用材多样，做工精细、线条清晰美观。柱面、墙面石材面层分块均匀、拼缝整齐顺直、缝宽一致、边角方正、凹凸尺寸一致、表面平整（图 24、图 25）。

（5）地毯铺设平整严密，条纹纵横顺直；木饰面布置均匀，表面平整，色泽一致。楼梯踏步高宽一致，不锈钢扶手栏杆做工精细，安装牢固。玻璃栏板胶缝均匀（图 26、图 27）。

（6）烟感、灯具、喷淋、风口等位置合理、美观，与吊顶面交接吻合、严密（图 28）。

4.4　屋面及防水工程

地下室、屋面防水均采用聚氨酯防水涂料、弹性体改性沥青防水卷材。防水原材料质量证明文件齐全、检测均合格。地下室防水效果经检查，无渗漏，屋面经蓄水试验，无渗漏。

4.5　安装工程

（1）各类支吊架安装牢固、排布整齐，同一系统形式一致。各系统管道安装整齐划一，管线标识明确清晰，综合管线排布美观。穿墙封堵严密、收口整齐美观。母线、桥架排布有序、横平竖直、安装牢固、拼缝严密、接地可靠、标识清楚（图 29、图 30）。

（2）消防泵排布整齐、消防管法兰连接螺栓规格一致、外露丝牙、压力表朝向、阀门高

图 26　地毯地面、木饰面

图 27　楼梯、玻璃栏板

图 28　烟感、灯具、喷淋、风口

图 29　管线、桥架

图 30　管道穿墙封堵、桥架接地

图 31　消防泵、消火栓

度一致,设备接地可靠。消防栓、箱门开启方便、标识清楚、水枪水龙带摆放整齐(图 31)。

(3)配电柜排列整齐,柜内配线整齐,接线准确,标识清晰,电缆头制作精良。风机、风管安装平整牢固,断面平行,设备接地可靠、成型美观(图 32)。

4.6　智能化工程

智能化系统包括综合管线系统、入侵报警系统、视频监控系统、出入口控制系统、电子巡更系统、停车场管理系统、综合布线系统、信息网络系统、智能化集成系统、防雷及接地系统、机房工程系统、信息引导及发布系统,系统测试合格,运行良好(图 33)。

4.7　建筑节能

本工程按照综合节能 65% 设计,外墙采用岩棉板、发泡水泥板,屋面采用泡沫玻璃保温板;玻璃幕墙采用隔热金属型材中空玻璃。系统节能检测合格,节能专项验收合格。

4.8　电梯工程

本工程设置 14 台电梯,起停正常,运行平稳,平层准确,无振动,无冲击,安全可靠。14 台电梯一次性通过了江苏省特种设备安全监督检验研究院专项验收。

5　综合效果及获奖情况

本工程结构性能安全可靠,建筑沉降稳定,符合设计和规范要求;建筑设计尤其体现绿色、环保、节能,达到绿色二星建筑标准并获得标识证书;室内装饰精细,安装工程技术先进、性能优良,体现较高的质量品质。获奖情况见表 1。

图 32　配电柜

图 33　消防控制室

获奖一览表　　　　　　　　　　　　　表 1

序号	奖项名称	获奖年份
1	江苏省优秀论文一等奖	2015 年
2	江苏省建筑施工标准化文明示范工地	2016 年
3	江苏省建筑业绿色施工示范工程	2016 年
4	江苏省工程建设优秀质量管理小组活动成果二等奖	2017 年
5	江苏省建筑业新技术应用示范工程	2018 年
6	全国工程建设优秀质量管理小组二等奖	2019 年
7	二星级绿色建筑设计标识	2019 年
8	苏州市城乡建设系统优秀勘察设计一等奖	2019 年
9	苏州市"姑苏杯"优质工程奖	2020 年
10	江苏省优质工程奖"扬子杯"	2020 年
11	中国安装工程优质奖（中国安装之星）	2019 ~ 2020 年

（朱歆文　刘光伟　王东）

20. 淮安经济技术开发区高级中学工程
——江苏省华建建设股份有限公司

1 工程概况

淮安经济技术开发区高级中学位于开发区核心区域，东临裕民路南临富士康路，是一所现代化高中，设计理念先进，功能齐全，共20轨60个班，工程总建筑面积15000m²，由科技楼、教学楼、后勤楼、学生宿舍楼、教师公寓、艺术学术中心和体育中心等单体和辅助用房组成；采用桩承台基础，框架剪力墙结构（图1）。地下一层，屋面有平屋面和坡屋面，教学楼、科技楼和学生宿舍为坡屋面，其他楼栋和连廊为平屋面，学艺中心及体育中心外墙为石材及铝板组合幕墙及异形窗；其他楼栋外窗为6Low-E+9+双层中空玻璃窗；室内装饰主要为石材墙地面、墙砖、地板砖和水磨石地坪。内墙为加气混凝土砌块和轻质隔墙板，吊顶有铝格栅吊顶、铝板吊板和石膏板吊顶；安装系统包括水电安装、送排风、防排烟、给水排水、暖通、消防、智能化等。

淮安经济技术开发区高级中学开工建设，区域人民非常期待，开发区高级中学的落成结束了开发区成立以来没有高中的历史，它东侧为文体中心，与学校项目联动形成开发区的文化中心，加强了开发区区域配套，大力带动周边商业和居住环境的发展活力。

2 设计理念

（1）本工程规划布局为"一心两轴三广场"。一心指竖向互动轴和横向景观轴的交叉处，是本案的核心水景景观区，亭台楼阁绿树成荫，是教学区和生活区之间的绿色屏障。动静分离的设计保证教学环境的静谧性和生活环境的活泼性。

两轴为竖向连接主次入口的互动轴和横向景观轴，三广场为主次入口处的三个广场。见图2、图3。

1）中心景观敏恩湖区域设计充分体现人文关怀，湖畔、景亭设置取自周总理纪念馆的缩影，铭记伟人刻苦学习、积极进取的精神，揉合假山园林的细腻，辅以格言警句，给学生谆谆教诲，为教育和学习添加动力。

图1 工程外景

图2 规划鸟瞰图"一心两轴三广场"示意图

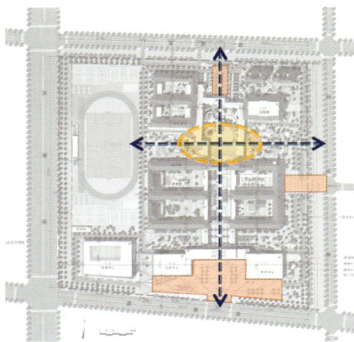

图3 功能分区示意图

2）庭院空间以课间活动和休息为主，是师生户外学习和交流的空间，广场、木平台和草坡营造课余活动和探讨的氛围，设置树池座椅，师生在树荫下学习交流，感受大自然的魅力。

3）屋顶花园设置植物种植槽，以实验为主，学生可以自己动手种植，并通过日常观赏了解植物的特性，启发学生对科学生活的想法，增强对生物学科研究的兴趣的培养，培育德智体美劳全面发展的新型科技人才。

（2）海绵城市理念：

海绵城市是通过规划加强城市建设管理，充分发挥建筑、道路和绿地、水系等及时对雨水的吸收、蓄渗缓释作用，有效控制雨水径流，实现自然积存自然净化和发展方式，本工程通过透水铺装实现雨水渗透和打造绿色屋顶，完成雨水的减排和净化。设置下沉式绿地来减少绿化用水，改善校园环境。

图4 开发区高级中学项目实景图片

（3）节能设计：

工程采用外墙自保温系统砌筑砂加气混凝土砌块并粘贴水泥发泡保温板；外窗采用断桥隔热铝合金中空玻璃窗。

太阳能的利用通过热交换来制备热水供宿舍浴室使用，节省大量电力资源（图4）。

3 精品工程创建

工程施工过程中积极推广应用建筑业"十项"新技术，共应用全国建筑业新技术7大项14小项，江苏省新技术2大项4小项；同时我们也对部分传统施工工艺进行改进和创新：（1）教学楼、科技楼和学生宿舍等楼栋为坡屋面，施工前项目部和公司技术部门进行策划，为防止找平层和屋面瓦产生滑移产生安全隐患，防水施工完成后沿挂瓦条的位置设置止滑钢筋，并对其末端和防水层连接处精细处理，避免产生渗漏；（2）混凝土楼面施工时布置混凝土浇筑平台，防止施工人员对面层钢筋的踏踩而减小结构构件的有效截面积，避免面筋分布不均应力集中产生裂缝带来的质量隐患；（3）对石材幕墙和异形窗的处理通过电脑模拟和现场实际测量的方法相结合来确定石材和玻璃的尺寸，排版后形成材料订货清单进行订货，并对每块非通用定型石材进行编号，避免现场裁切带来的噪声和粉尘污染；（4）屋面砖和地板砖铺贴均进行图纸排版和现场排版相结合，尽量避免不符合要求的贴砖出现，统一拼缝大小，均匀顺直；（5）安装工程采用定型减振支吊架，装配式减振支吊架由管道连接的管夹构件、建筑结构连接的锚固件以及将这两种结构件连接起来的承载构件、减振（振）构件、绝热构件以及辅助安装件构成。该技术满足不同规格的风管、桥架、工艺管道的应用，特别是在错综复杂的管路定位和狭小管井、吊顶施工，更可发挥灵活组合技术的优越性。复合式管线支吊架系统具有吊杆不重复、与结构连接点少、空间节约、后期管线便维护简单、扩容方、整体质量及观感好的优点。（6）项目实施中，我们还对脚手架连墙件开展了QC小组活动，在连接方式上进行了改变，提高了劳动效率，增强了连接可靠性。充分利用框架柱、剪力墙和对拉螺栓杆洞对外脚手架进行有效拉结，没有墙或柱的地方在设计时进行调整，保证架体的稳定性，避免了在楼层或梁上预埋钢管对后续砌墙和外立面施工的影响，大大减少了钢管洞口带来的渗漏隐患，建筑物的使用功能和可靠性更加有保障。见图5~图13。

图5　开发区高级中学东入口

图6　宿舍立面及连廊铺砖

图7　教学楼合班教室内景

图8　种植屋面及台阶铺石

图9　室内装饰效果内景一

图10　室内装饰效果内景二

图11　学艺中心外立面异窗及幕墙

图 12　体育中心室内球馆网架　　　　图 13　管道共用支架及抗震支架

4　施工组织及质量控制措施

4.1　施工组织

开发区高级中学项目工期紧，体量大，楼栋较分散，为保质保量完成工程任务，项目部结合工程实际情况，将工程分为三个部分同时施工，教学楼和科技楼为一施工段，其南北各为一个施工段；进行先地下后地上，先基础后上部结构的施工顺序有序推进，工程投入 10 台塔吊施工，每一个施工段在内部循环小流水施工；工程开工时公司就将质量目标定为省优 "扬子杯"，秉承公司一贯的创优经验，施工按照省三星工地的要求进行布置，施工材料严格按照标准和规范的要求采购并检测合格后使用，经过一年多的时间工程施工全部完成并顺利交付。

4.2　工程质量控制措施

（1）确定目标，组织管理

项目部组建阶段，我公司积极响应建设单位提出的创 "省优及省安全文明工地" 的 "双创" 目标，抽调施工管理经验丰富的人员组建施工项目部配置强有力的领导班子，为了落实目标责任，公司与项目部签订了质量及安全生产责任状，明确了具体的考核方法，贯彻质保体系，建立有效的奖罚机制，项目部将考核目标分解到施工班组；公司由总工程师牵头，组织相关职能部门直接督导项目

部进行施工组织设计及各专项方案的编制工作，并在实施过程中不断进行调整、补充、完善；积极与淮安市质监站、安监站、建设单位、监理单位进行及时有效地沟通，多次请市建设局、建设单位、监理单位的领导及专家适时进入现场进行指导，给 "双创" 工作把握住了正确的方向，保障项目按计划按目标顺利进行。

（2）严格责任，落实质量控制

本工程的质量目标为确保江苏省优质工程 "扬子杯"，工程一开始项目部就编制了详细的创优策划方案并成立了创优领导小组，对各工种各工序进行质量预控，为保证质量目标的实现提供充分保障。

1）项目部制定了严格的岗位责任制，对每个岗位的管理人员进行交底，明确责任，建立奖罚机制。

2）对每一位进场的工人分工种进行岗前操作技能培训，掌握工种操作技能且考试合格方可上岗操作。

3）每道工序都坚持自检、互检、交接检的三检制度，保证任何一道工序的施工质量，以工序质量的优良来保证工程质量的优良。

4）重点难点部位编制专项施工方案且按方案严格执行，并专门成立质量检查控制小组，对可能出现质量隐患的部位进行评估跟踪，监督整改。

5）积极与监理及甲方沟通，及时调整方案及施工顺序，保证工序施工的连续性和质量的稳定性。

6）坚持例会与晨会制度，及时发现、沟通处理图纸中出现的问题，避免返工对工程质量的不利影响。

5 建筑节能实施

工程项目中屋顶保温采用 100mm 厚的聚苯板保温，外墙和外走道采用 40mm 厚的水泥发泡保温板；外窗采用 Low-E 双层中空玻璃窗和窗外遮阳帘等保温隔热措施；设置太阳能提供热水，减少对电能的消耗等节能环保措施。绿色施工是现在建筑施工领域的重要一部分，大力推行绿色施工对节能减排，除尘降噪带来明显效果，本项目非常注重在节能、节材、节水、节地和环保方面的投入和实施；项目临时设施的布置紧凑规范，减少对土地的占用和污染，每个办公室和宿舍设置过载保护和节能设备；材料的采购和使用有严格的计划和节约措施，木材定尺接长再利用减少对森林的砍伐；设置雨水收集池冲洗车辆和道路除尘，管井降水的收集用于混凝土养护、绿化浇灌等，节约水资源；这些措施从宏观方向看都是节能环保的（图 14、图 15）。

6 建筑材料选用

本工程建筑材料按施工图纸要求的参数进行采购，严把材料进货关，杜绝劣质产品进场，工程所用材料、产品均严格按照公司质保体系的采购控制程序和验证，货比三家，进行合格分承包方评定，择优录取，杜绝不合格产品进入现场。工程所有进场材料、设备、构配件合格证齐全并符合要求，并在监理旁站见证下取样，按规定送样检测，合格后方在工程上使用。特别是乳胶漆、外墙真石漆等材料全部采用立邦、三棵树漆，并且从厂家直接订货，保证材料质量；工程施工完成后交付前进行室内环境空气质量检测，防止污染带来的伤害。通过这一措施，从源头上控制了工程质量。

7 工程施工亮点、特点、难点

（1）本工程采用建筑施工一体化设计，即在建筑结构设计时装饰装修也同步进行设计，避免后期装修施工时产生垃圾和开洞开槽造成的结构承载力的损失。

（2）施工组织采用流水施工，各阶段专业班组进场前进行动态计划安排，确保施工任务的衔接和持续，防止多工种、多专业交叉带来的安全隐患。

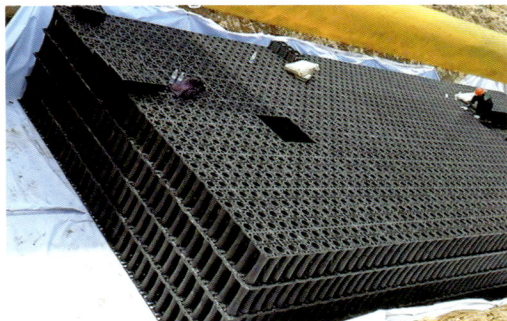

图 14 雨水收集池

图 15 校区水景图

（3）为确保工程施工一次成优，每道工序施工前项目部均组织施工任务策划并进行交底指导，保证施工操作的正确性。工程部分屋面为贴砖屋面，由于屋面阴阳角、设备基础多，加上坡向因素大大增加了铺砖难度，项目技术人员将屋面的实际尺寸现场测量复核，得到详实的数据后进行电脑模拟排版，确定选砖规格，3D 模拟砖颜色和周围环境的协调性，砖样选定后进行现场样板铺贴，且铺贴时纵向和横向全部拉通线控制，砖缝用金属条控制，保证了砖缝的大小和顺直，观感效果好，排水口周围铺砖放样后进行手工切磨，层次明显，效果好。地砖铺贴前对各房间、公共区域的开间进深进行二次复核，有效地避免了不符合规范的找边等问题，地砖铺贴平整，缝隙均匀观感好。

（4）新技术应用为建筑工程质量、成本节约带来动力，开发区高级中学积极运用"四新"技术，共用混凝土技术、绿色施工技术等建筑业新技术 7 大项 14 小项，江苏省新技术 2 大项 4 小项；取得了良好的经济效益和社会效益；同时项目部在公司的带领下还开展 QC 小组活动，对脚手架拉接方式进行改进，充分利用剪力墙、柱的对拉螺栓杆洞穿 $\phi 12$ 的通丝杆外加钢管套筒管，限制外架向内外产生不稳定的移动，该创新成果获得省级工法和国家实用新型及发明专利。

（5）随着生态环境日益恶化，建筑业绿色施工显得尤为重要，现场大型机械设备定时保养，一机一表，保证期满负荷和完好运转，每月统计分析电能消耗情况，并与劳务队签订能耗及物料合同，节约的能源和物料进行利润分配，鼓励操作队伍节约；在施工中严格控制模板的尺寸和安装效果，减少跑模漏浆导致材料浪费和垃圾的产生，实现绿色施工的目标。

8 工程获得的成果

工程获得：江苏省优质工程"扬子杯"

江苏省省建筑施工标准化星级工地（三星）

淮安市优秀设计一等奖

淮安市优质结构

实用新型专利一项

江苏省新技术应用示范工程

淮安市优质建设工程"翔宇杯"

江苏省省级工法一项

（吴枫　张尧　丁唯烨）

21. 盐城市监管中心土建安装工程 ——蓝盾建设集团有限公司

1 工程概况

1.1 工程简介

盐城市监管中心工程，由盐城市公安局、盐城市国投置业有限公司投资建设，盐城市建筑设计研究院设计，江苏科苑建设项目管理有限公司监理，蓝盾建设集团有限公司承建。该工程由看守所羁押用房、收拘所对外业务用房、戒毒所对外业务用房、武警中队综合楼、后勤保障中心楼等10个单体项目组成（图1）。

质量目标为：江苏省扬子杯工程。

（1）设计先进合理，功能齐全，满足使用要求。

（2）地基基础与主体结构安全稳定可靠，符合设计要求。

（3）设备安装规范，管线布置美观，系统运行平稳、安全。

（4）装饰工程细腻，工艺考究，观感质量上乘。

（5）工程资料内容齐全、真实有效、编目规范有可追溯性。

1.2 工程难点及重点

（1）工程难点

①作为盐城市重点工程，体量大、工期紧、要求专业施工队伍多、创建标准要求高、立体交叉作业面广，组织协调难。

②本工程主体结构多处有危大高支模施工。

③质量、安全和文明施工控制难度较大。

（2）管理重点

本项目是要通过超前策划、创新管理方式、组织协调、精细施工，在建设过程中确保工程质量、安全、文明施工和建设周期等管理目标的实现并打造成精品工程是重点。

1.3 创建定位

（1）工程的重要特性

本工程为盐城市人民政府重点项目，社会关注度高。

（2）集团公司项目管理要求

公司为促进企业高质量发展，明确要求盐城市监管中心项目一定要实现合同目标，建造精品工程。

（3）项目团队管理理念定位

强化科学管理，以创新管理为抓手，努力打造蓝盾品牌工程、精品工程。

2 实施时间（表1）

图1 盐城市监管中心效果图

盐城市监管中心工程实施时间表　　表1

实施时间	2018年8月20日~2019年9月20日
	分阶段实施时间表
管理策划	2018年8月~2018年9月
管理措施实施	2018年8月~2019年9月
过程检查	2018年8月~2019年9月
取得成效	2018年10月~2019年9月

制表人：李利丽　　　　　　　　2021年4月8日

183

项目管理目标值、责任人和时限要求表　　　　表 2

项目	目标值设定	责任人	目标完成时间
质量目标	江苏省扬子杯奖	施则林	2018 年 8 月 20 日
安全文明施工	一般轻伤事故控制在 1‰以下，无重大安全事故	费维祥	2018 年 8 月 20 日
绿色施工	确保江苏省星级标准化工地	费维祥	2019 年 5 月 30 日
工期目标	确保在 2019 年 9 月 20 日前竣工验收	赵星辰	2018 年 8 月 20 日
技术创新	积极推广"四新"技术应用，重大课题攻关	陈瑾	2019 年 5 月 30 日
智慧建造	智慧工地 +BIM5D 协同平台	刘潇逸	2018 年 8 月 20 日

制表人：李利丽　　　　　　　　　　　　　　　　　　　　　　　　　　2018 年 8 月 20 日

3　管理策划和创新

3.1　管理策划

（1）管理目标的确定（表 2、图 2）

图 2　盐城市监管中心优质工程创建会议

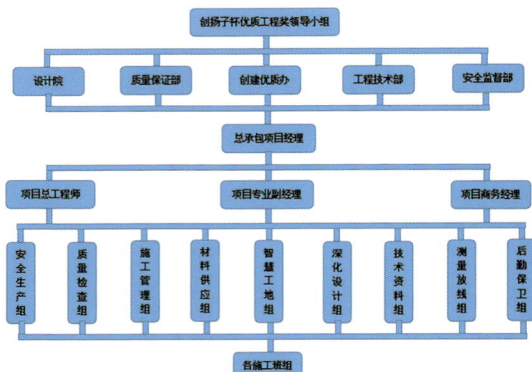

图 3　盐城市监管中心创优质量管理网络

（2）策划先行

在项目管理过程中，集团公司成立以顾忠华总工程师为首，项目各部门参与、项目相关人员参加的创精品工程领导小组，着重进行创精品的策划、技术攻关（图 3）。

（3）编制创优专项方案、管理制度

工程开工前，由项目经理施则林组织、项目总工陈瑾主持编制工程创优各项专项施工方案和创优管理制度，为工程创优指明明确方向（图 4）。

（4）树立施工总承包管理理念

作为总承包管理单位，树立正确的管理理念，即"服务业主，无分外之事，分包管理，无不管之事"。

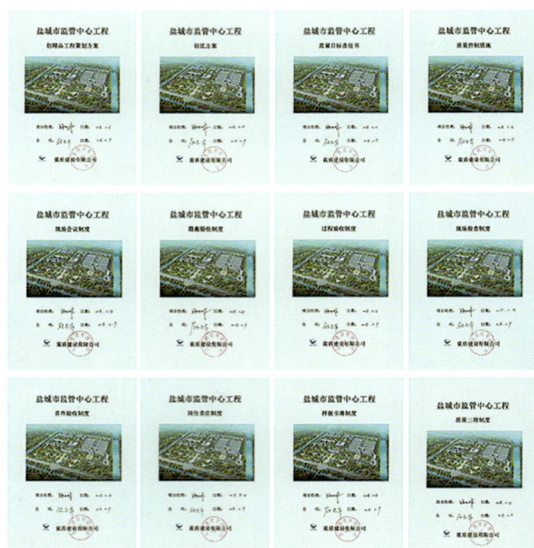

图 4　盐城市监管中心创优方案、制度

（5）注重总承包的组织协调

在整个施工过程中，以总承包单位的高度去统筹考虑和全面控制工程全局，有效组织协调。

3.2 创新特点

项目部成立QC小组。施工技术方案的确定，做到提前策划，以技术先行、技术引导、过程管控、一次成优（图5）。

（1）管理创新

1）采用网格化管理形式：在基础施工阶段结合后浇带设置，划分为若干区域，上部按单体楼号进行划分，楼号内再划分若干单元，实现精细化、程序化管理，确保了最终工程目标的实现。

2）安全管理以江苏省星级标准化示范工地为起点，"实行刚性和人性化为主导，以安全操作规程、文明施工为抓手，进一步做好安全管理工作。"

3）竣工预验收的前期导入：将工程竣工质量验收提前至施工阶段进行预控，对每个单体工程的立体空间尺寸、墙面垂直度及平整度等进行逐项验收。

（2）技术创新

1）推行样板先行引路制度

建立样板集中展示区，将工程中涉及的工艺、节点、构造通过实物展示，以点带面、统一标准、统一工艺、为大面积施工提供验收依据（图6）。

2）方案优化

通过编制切实可行的施工方案，落实质量管理计划，在实施前，开展方案优化活动，通过对传统施工工艺优化，有效防止质量通病的发生，切实有效地保证工程质量目标的实现，控制工程成本。

3）创新技术应用

①高支模用排架全面采用承插盘扣架作

图5 盐城市监管中心工程质量管理小组

图6 盐城市监管中心工程样板展示区

为支撑体系；②外墙脚手架采用上拉式悬挑脚手架；③在砌体与剪力墙结构交接处，结构阳角预留止口，作为铺设钢丝网工作面，保证交接处粉刷层无开裂现象；④厨卫间粉刷采用定型化拉纹铁抹，形成竖向纹路，凹凸分明，增强与面砖咬合；⑤卫生间同层排水，管道在本层套内敷设，不易堵塞，噪声小，减小渗漏水机率。

4 管理难度分析

（1）因工期紧，需要平行施工，作业交叉多管理协调难。

（2）墙体多传统的植筋方法满足不了进度要求。

（3）质量目标要求高，如何做到细部施工精细化。

（4）监管中心工程功能特殊性，其构造与一般房建项目不同，可参照、借鉴少。

图 7　盐城市监管中心 QC 小组中建协现场发布　　图 8　BIM 培训学习班、BIM 技能竞赛

5　管理措施策划实施

5.1　组织管理措施

（1）成立技术攻关小组

工程开工之初，项目部成立了以项目经理为组长、项目骨干成员为组员的质量攻关小组。

1）QC 活动

"高质量发展"是企业永恒的主题，项目部积极组织开展质量 QC 小组活动，攻克施工过程中遇到的质量难题（图 7）。

2）BIM 建模应用，大数据化管理

项目部成员学习运用新的软件，在工程管理过程中积极运用 BIM 技术，参加 BIM 大赛（图 8、图 9）。

3）无人机航拍，"四新"技术应用管理

项目部学习应用无人机航拍，在工程管理过程中，大大提高标准化建设施工管理工作准确率、时效性、全方位无死角的管理（图 10）。

（2）明确管理责任，进行职责分工

针对工程特点，项目部制定了网格化的管理措施，对整个施工区域进行合理划分，确保每一分块区域有固定责任人（图 11）。

5.2　施工难点的技术管理措施

（1）永临结合优化

工程开工前先施工场内永久道路路基底层和基层，作为施工现场循环施工道路，沥青

混凝土面层竣工前铺设。现场安全防护棚采用定型化装配式可移动设施，方便不同时期施工现场平面布置（图 12）。

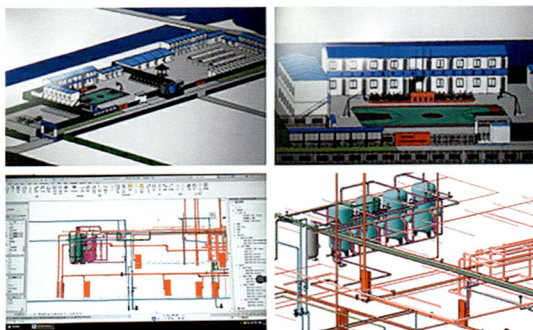

图 9　BIM 建模应用于项目工程

图 10　无人机航拍检查效果图

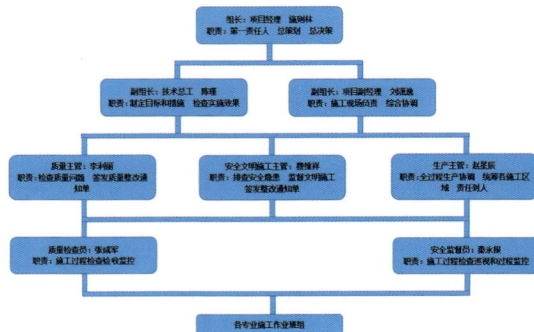

图 11　网格化管理职责分工表

图12 现场永久道路路基兼作临时施工道路

图13 地下室基坑二级降水施工

（2）地下室基坑降水技术措施

地下室根据现场条件和土方开挖要求，考虑到基坑水位比较高，为了基坑更好、更快的施工，经过经济技术比较，地下汽车库采用二级轻型井点降水＋深井降水相给合（图13）。

（3）外窗台防渗漏技术措施

外窗框四周浇筑的混凝土加强框，在浇筑窗框混凝土时严格控制标高尺寸，做成内高外低防水节点，有效解决了外墙窗侧雨水渗漏问题（图14）。

（4）基础大体积混凝土裂缝控制措施

混凝土浇筑时采用斜面分层，注重加强混凝土的二次复振和表面抹压，浇筑完成，采取薄膜＋草帘的保湿保温养护措施，安排专业测温人员实时监测，保温、保湿班组跟进到位，

确保内外温差控制在25℃，有效地保证混凝土表面的游离水分子不易挥发（图15）。

（5）蒸压加气块填充墙体预排版和切割技术

利用BIM软件对各户型蒸压加气块填充墙体进行预先排版，通过深化排版图以指导现场施工减少非整块材的数量，经切割后，砌块表面无缺棱掉角现象、尺寸准确（图16）。

（6）开展职业技能竞赛活动

为将质量标准化作业贯彻到工程每一项工作中，将每一个分项工作过程都视为一次竞赛（图17）。

（7）参加市、省级建筑业技能状元大赛

项目部积极主管部门号召，参加市、省级建筑业技能状元大赛，挑选优秀选手代表蓝盾

图14 窗台内高外低防水节点

图15 基础大体积混凝土浇筑养护

图16 切断机器完成砌块切割

图17 班组操作人员开展竞赛活动

建设集团有限公司参加比赛，荣获"盐城市技能状元"荣誉称号和"江苏省技术能手"称号，蓝盾建设有限公司获得高技能人才摇篮奖（图18、图19）。

（8）墙体砌筑施工双面挂线

"利用墙体双面带线，勾缝处理灰缝，使正、反手墙体变成清水墙"，实际混水墙质量标准按照清水墙质量标准要求进行施工（图20）。

（9）外墙悬挑脚手架立杆定位件研制

传统悬挑架立杆定位方法：是在悬挑工字钢上部焊接200mm长 $\phi25$ 短钢筋头，搭设时将立杆钢管套入短钢筋头内的施工定位方法（图21）。

新型立杆定位件研制：设计成可调节、可拆卸悬挑工字钢脚手架立杆定位件，通过滑动调节脚手架立杆位置，螺栓锁紧进行固定（图22）。

（10）伸缩可调式植筋支架的研制

传统植筋方法：目前最常用的植筋方式为架设人字梯、人工划线、打孔、清孔、注胶、植入钢筋，往返上下人字梯3次，打孔工效低，安全隐患多。

研制装配伸降可调式新型植筋支架：研制升降可伸缩组合支架方案，一种操作人员在下面就可以操作打孔辅助支架工具，移动方便、提高工效和安全性，比传统工效提高一倍（图23）。

5.3　总承包组织协调管理措施实施

本工程的总承包管理与协调工作非常重要，也是本工程能如期竣工交付，达到预定的质量、安全文明目标的关键。

图18　项目部选手获得"技能状元"奖

图19　选手获得"江苏省技术能手"奖和高技能人才摇篮奖

图20　班组墙体砌筑操作实景图片

图21　传统悬挑工字钢立杆定位钢筋头

图22　新型立杆定位件研制应用照片

图23　升降可调式植筋支架研制和应用照片

5.4　安全和文明施工管理措施实施

（1）安全管理措施实施

设置安全晨会、平衡木体验、灭火器使用体验、综合用电体验、安全宣教展板等，普及施工现场安全知识，增强职工自我防护意识（图24、图25）。

（2）文明施工管理措施实施

在主出入口一侧设置六牌两图和安全宣传挂图。采用定型化铸铁围栏将现场办公区与生产区相分开（图26）。

现场布置5m宽临时道路并硬化，每天安排专人打扫并洒水，保持道路清洁，裸土部位种植花草或绿网覆盖，有效控制现场扬尘。

6　过程检查控制

6.1　质量过程检查和监督

（1）严格落实"三检"制度。每个分项工程在专职质检员验收前，均由班组自检和互检验收合格，由质检员验收合格后报监理部验收合格后，方才进入下道工序的施工（图27）。

图24　盐城市监管中心工程安全体验馆宣教区

图25　盐城市监管中心工程安全晨会

图26　盐城市监管中心工程主入口大门

图27　盐城市监管中心工程过程质量控制

图 28　盐城市监管中心工程施工过程质量巡查

图 29　盐城市监管中心工程安全绿色施工

图 30　盐城市监管中心工程标准化管理文件

图 31　盐城市监管中心工程安全防护检查

图 32　盐城市监管中心工程安全防护

（2）实行质量巡视，各楼号负责人和质检员每天对作业现场施工质量进行巡视检查，加强过程控制，保证现场发现的问题能及时落实并整改到位（图 28）。

6.2　安全文明施工的检查和监督

（1）把安全及保卫、扬尘治理、环境保护、安全防护、用电安全、机械作业等安全管理工作分解到每位管理人员（图 29）。

（2）根据江苏省星级标准化工地创建要求，依据建筑工程施工标准化管理图册，制定安全管理文件（图 30）。

（3）在日常安全检查过程中，对现场检查发现安全隐患立即制止，将发现的安全隐患形成书面整改通知并附图片，发放给分包班组负责人，及时落实整改（图 31~ 图 34）。

（4）环境保护方面，在线扬尘监测系统可实施监测数据，当监测数据（PM2.5、PM10）超过国家环境空气质量标准，即可启动联动控制器。

6.3　智慧工地 +BIM5D 协同平台

基于 BIM 的施工项目精细化管理协同平台，为项目的进度、成本、物料管控及时提供准备信息（图 35~ 图 37）。

图 33　盐城市监管中心工程临时用电防护

图 34　盐城市监管中心工程环境保护

图 35　盐城市监管中心工程 BIM5D 协同平台

图 36　盐城市监管中心工程智慧工地创建

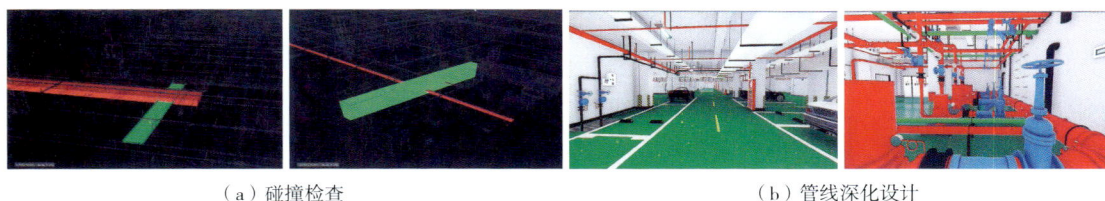

（a）碰撞检查　　　　　　　　　　（b）管线深化设计

图 37　盐城市监管中心工程深化设计

6.4　施工进度的检查和监督

由专职进度管理员，每天对节点进度进行对比和预警。就施工中有关生产进度、物资调配等逐一落实，进行纠编，切实做到以日保周，以周保月，以月保证总体进度。

6.5　成本的检查和监督

（1）预算员定期对施工成本进行核算和成本分析。

（2）加强材料进场把关验收，施工中杜绝材料浪费现象，加强采购、验收、保管和限额领料的管理工作（图 38）。

（3）对施工过程进行成本经济核算，严格对现场成本投入有效监控。

7　方法工具应用

组建 QC 小组活动，按照 PDCA 程序进行，运用调查表、问题排列图对现状进行调查，用关联图找出末端原因，分析问题坚持用数据说话、合理应用统计工具。

在进度管理中，运用横道图表和双代号网络图，严格检查各工序的实际进度，及时纠正偏差或调整计划，跟踪实施。

图 38　盐城市监管中心工程材料进场检查验收

8 管理效果评价

通过精心组织、超前策划、创新管理，本工程通过各项验收，如期完成合同约定的全部内容，一次性通过竣工验收，经集团公司组织的回访，建设和监理单位满意率为100%，许多兄弟单位组织前来我项目观摩学习管理经验，本项目获得各项奖项如下：

（1）获得2020年度盐城市优质工程奖（图39）。

（2）获得2020年度江苏省优质工程扬子杯奖（图40）。

（3）获得2019年度盐城市安全文明工地（图41）。

（4）获得2019年度江苏省星级标准化工地（图42）。

（5）获得2020年度盐城市工程建设优秀QC小组一等奖（图43）。

（6）获得2020年度江苏省建筑业协会优秀质量管理小组活动Ⅰ类成果奖（图44）。

（7）获得2020年度中建协工程建设质量管理小组活动成果大赛Ⅰ类成果奖（图45）。

图39 盐城市监管中心获盐城市优质工程文件

图40 盐城市监管中心获江苏省优质工程扬子杯奖文件

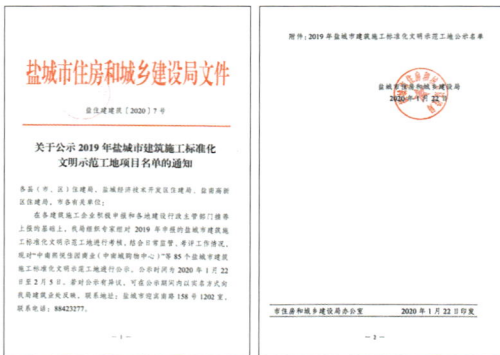

图41 盐城市监管中心获盐城市安全文明工地

图42 盐城市监管中心获江苏省建筑施工标准化星级工地

图43 2020年度盐城市工程建设优秀QC小组一等奖

图44 2020年度江苏省工程建设优秀质量管理小组活动Ⅰ类成果

（8）获得"技能状元"及"高技能人才摇篮奖"（图46、图47）。

（9）获得专利证书（图48）。

9 社会效益配图

社会效益见图49~图52。

图45 中建协2020年度工程建设质量管理小组活动成果大赛Ⅰ类成果

图46 选手获得盐城市"技能状元"和"高技能人才摇篮奖"

图47 选手获得江苏省"二等奖"和"高技能人才摇篮奖"

图48 专利证书

图49 公安局领导到监管中心项目视察指导工作

图50 盐城市监管中心项目外部实景图片

图51 盐城市监管中心项目内部实景图片

图 52　盐城市监管中心项目地下室实景图片

（施则林　陈瑾　赵书敏）

22. 智能终端产业园总部研发区 4-11# 楼及 2# 地下车库
——中科建工集团有限公司

1 工程简介

智能终端产业园总部研发区 4-11# 楼及 2# 地下车库，该工程位于盐城市高新区秦川路与汇智路交界处；建筑面积约 28011.91m²，地下一层，地上四层；其建筑结构形式均为框架结构。合同工期为 210 天，于 2017 年 10 月 26 日开工，2018 年 6 月 15 日竣工。质量目标：创江苏省优质工程奖。安全文明目标：创江苏省建筑施工标准化星级工地。

建设单位：盐城高新区投资集团有限公司
监理单位：江苏创盛项目管理有限公司
施工单位：中科建工集团有限公司
设计单位：江苏铭城建筑设计院有限公司
勘察单位：无锡水文工程地质勘察院有限责任公司

智能终端产业园设有总部研发区、生产制造区、企业孵化区、综合服务区、生活配套区"一园五区"，本项目总部研发区是智能终端小镇的核心区，建筑错落有致，依水而筑。不同风格的单体建筑整齐排列其间，小桥、流水、健身步道将其串连在一起，营造了一个富有现代气息的创业生活环境。智创小镇重点打造总部大厦、研发实验、特色水街、创客空间等六大组团，为园区企业提供研发设计、成果转化、学术交流等配套服务。按照"产业定位特而强、功能叠加聚而合、建设形态精而美、制度供给活而新"的要求，融合产业、文化、旅游、社区四大功能，聚力打造空间精致、环境优美、配套齐全的景区式特色小镇。将有望成为盐城地区规模化生产能力最强、品控能力最优的智能终端生产基地之一（图1~图3）。

2 创建精品工程过程

公司以施工质量管理的标准化为基础，以科技进步和技术创新为动力，以过程控制的精细化为突破口，以防治和消除质量通病为切入点，实现施工过程全面、全过程质量控制。创建精品工程可概括为四个字"精雕细琢"，从制订质量目标、具体策划、制订方案，检查验收等各方面贯彻这个思路。

2.1 工程管理

中科建工集团《管理制度汇编》《施工质量标准化图集》是所属施工企业和项目部质量管理工作的基本准则。企业和项目部均应严格

图 1　工程效果图

图 2　工程实景

图 3　工程实景

贯彻落实，根据不同项目实际情况建立质量管理体系并保证体系的健康运行。项目质量管理体系应实现"横向到边、纵向到底"，即质量管理体系应涵盖影响质量的"人、机、料、法、环、测"等各要素各岗位，并必须贯穿施工全流程及分包队伍直至班组（图4、图5）。

图 4　管理制度　　图 5　标准化图集

2.2　创优策划

（1）思想认识的重点

树立"创新、创优、创高"的意识，将创优工程为"精品中的精品"的认识贯彻到工程施工的每个环节。要在观念、管理思路、技术进步等方面全面创新；要在施工过程中优化施工工艺、优化控制仪器、优化综合工艺，确实达到一次成活、一次成优；在项目管理上不断提高人员素质，不断提高企业管理水平，创造高的操作技艺，高的管理体系，实现高的质量目标。

（2）建立质量创优小组，明确责任及管理方法

工程开工前，公司建立和健全了一套由总经理统一领导，项目经理负责，项目技术负责人、项目质量员以及项目施工员具体实施，公司工程管理部、总工办和经营管理等部门密切配合的质量管理体系，以贯彻 ISO 为标准，为保证工程质量提供了可靠的组织保证。

认真进行工序质量控制的研究，编制企业工艺，操作规程，不断改进操作技艺，提高操作技能，用操作质量来实现工程质量。

采取预控和过程控制、生产控制、合格控制等措施，突出过程精品，一次成活，一次成优，一次成精品，达到精品、效益双控。要注意整体质量，达到工序精品、环节精品、过程精品，用过程精品达到整个工程是精品。

（3）技术准备先行，质量策划同步

实施阶段的施工组织设计文件应充分体现其对项目实施过程的施工组织、资源配置、管理路线、控制指标等。主要特征是：工程信息完整详实，特点、难点分析全面、准确，组织机构设置得当。施工部署、资源配置科学合理、技术措施切实有效，安全文明、绿色施工必须充分体现其纲领性、指导性的编制原则。应深化优化施工部署，细化资源配置、施工准备和各项管理措施，而对分部工程施工方法应以指导施工方案编制为原则。

质量策划就是对项目目标质量特色、精品、亮点提前进行的设想与设计，以及为实现这些设想与设计进行的一系列技术准备、管理准备过程。

质量策划应分为企业和项目两个层面，企业层面的策划主要是确定质量目标、配置资源、提供支持、过程监控，总结成果等。项目部的策划主要是质量亮点特色、质量标准、工艺技术措施过程控制等。经过策划要使工程的特点成为工程的特色，工程的难点成为质量的亮点。

2.3　过程控制

（1）严密的施工组织与管理

实行质量验收挂牌制。所有分部分项工程作业班组完工后在施工部位挂验收合格牌，注明部位、班组名称、操作人员姓名、施工质量状况等。严把施工质量关。

（2）采取样板引路。施工过程控制，要做到样板引路、责任到人、过程监控。样板完成

后要由项目专业质检员和有关专业技术人员共同进行验收，满足要求后才能全面施工。对样板间和主要项目的样板，还必须经公司或上级有关部门检查验收后才能施工。如装饰工程施工程序原则要求先上后下，先细部后大块，先顶棚、后墙面再地面；先做样板房，经工地施工人员、项目负责人、建设单位、质监部门等有关人员认可必须达到标准后，方可以此标准化样板进行大面积施工（图6、图7）。

（3）强化一线作业人员创优意识。施工中，对每个施工段都应有明确的质量负责人，对该段施工负质量责任，以提高操作人员的责任心，也便于追究责任，进行奖惩制度。要加强施工过程的监控和抽查，技术人员必须要实施过程监控，不要等整段施工完成后再统一检查，及时发现问题，及时整改。施工过程中，也要全方位监控，从原材料使用、半成加工、成品质量、成品防护等方面进行全方位监控，因为每一方面的失控都可能造成质量问题而导致前功尽弃。

3 施工重点、难点

（1）沉降控制：

本工程多幢单体分散布置，整个项目地下室为一个整体，控制建筑物的沉降和不均匀下沉难度大。在设计前进行详细的地质勘查，经由设计复核验算后进行桩承载检测，通过试验数据再做设计优化，最终检测无误后进行后续结构施工（图8、图9）。

（2）高大模板支模：

一层大厅净高 10.5m，跨度 12m，高度和跨度均符合高大模板支模范围，为超过一定规模的危险性较大的分部分项工程，施工过程中严格执行施工方案及专家论证意见组织施工，过程中严格控制，保证了施工的质量和安全（图10）。

（3）外墙采用干挂大理石和玻璃幕墙组合，下料精度要求高，安装难度大，面积大，两种材料的接缝处是质量控制的重点（图11、图12）。

图 6　标准化样板　　图 7　标准化样板　　图 8　建筑外立面

图 9　沉降观测点　图 10　大厅实景　　图 11　玻璃幕墙　图 12　干挂大理石

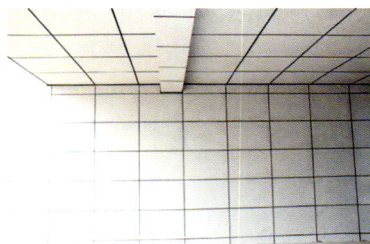

图 13　环氧地坪　　　　　　　　　　　　　　　图 14　消防泵房管线

图 15　地下室管线桥架布置　　　　　图 16　灯具　　　图 17　空调

（4）本工程地下室地面采用环氧地坪漆，因施工面积大，不同区域分颜色划分，地坪裂缝控制是施工难点（图 13）。

（5）工程管线复杂，涉及专业众多，协调工作量大，成品保护难度大。施工中加强总承包管理，使各专业、各系统得到充分协调（图 14、图 15）。

（6）内装饰工程吊顶工作量大，空调、灯具及消防安装量大，观感要求高。如灯孔、喷淋头部位预留孔洞的位置，顶面与墙面交接处理，顶面与灯带的交接处理等，要求纵向同轴、横向对称，提高装饰的完整性、协调性（图 16、图 17）。

4　工程主要质量特色

（1）外墙地面以上由玻璃幕墙、干挂石材组成，石材全部为工厂加工，现场拼装。石材表面平整，阴阳角顺直美观，胶缝饱满密实。玻璃幕墙采用断桥铝型材，加工精确，安装规范。石材幕墙与玻璃间连接处胶缝均匀饱满密实（图 18）。

（2）整个项目由多幢单体工程组合，布局合理、美观。地下室相互连通又形成一个整体，不同风格的单体建筑排列其间，小桥、流水、健身步道将其串连在一起，营造出景区式公园的氛围（图 19）。

（3）地下室大面积混凝土地面无空鼓、开裂，环氧地坪平整光洁、美观（图 20）。

图 18　外立面玻璃幕墙

图 19　景观图

图 20　地下室环氧地坪

（4）结构混凝土框架柱密实无缺陷，达到了清水混凝土效果。经装饰后表面平整、线条美观，这是对传统工艺的苛刻要求，独具匠心（图 21）。

图 21　框架柱

（5）吊顶形式多样，造型美，装修精心策划，过程控制，细部节点处理精致、细腻、装修风格简约、大气（图 22）。

（6）楼梯踏步高度一致，做工精细无明显高差，踢脚线出墙厚度一致，楼梯栏杆安装牢固，滴水线宽度一致，顺直、美观（图 23、图 24）。

（7）室内插座预埋位置精确，安装平整无缝隙，标高尺寸统一。

（8）汽车坡道面层采用环氧树脂喷砂技术，坡度正确、角度圆滑顺弧、消声耐磨，防滑耐用。

（9）电梯启动、运行、停止平稳，制动可靠，平层准确；层门平直洁净，门缝严密一致（图 25）。

（10）通风空调安装规范，系统运行平稳，使用功能正常（图 26）。

（11）配电箱安装整齐，操作灵活可靠，箱内标识清楚，排列美观，相线及工作零线、保护零线颜色正确，箱体接地可靠（图 27）。

（12）屋面避雷带顺直，固定点均匀牢固，测试点安装规范，设备接地有效、美观（图 28、图 29）。

图 22　吊顶

图 23　楼梯栏杆

图 24　滴水线

图 25　电梯室

图 26　地下室通风

图 27　配电箱

图 28　避雷带　　　　　　　图 29　设备接地　　　　　　　图 30　综合管线

图 31　弧形梁底　　　　　　　　　图 32　PVC 卷材地面

（13）管道应用 BIM 技术、成品共用支架、综合平衡，安装规范，标识醒目（图 30）。

（14）一层大厅梁底采用弧形设计，弧度一致，光滑饱满（图 31）。

（15）PVC 卷材地面平整光洁、纹理顺畅，收边考究（图 32）。

5　绿色施工

（1）环境保护

现场建立洒水清扫制度，配备洒水设备，并有专人负责；对裸露地面、集中堆放的土方采取抑尘措施；运送土方、渣土等易产生扬尘的车辆采取封闭或遮盖措施；现场进出口设车辆冲洗台，保持进出现场车辆的清洁；易飞扬和细颗粒建筑材料封闭存放，余料及时回收；易产生扬尘的施工作业采取遮挡、抑尘等措施；高空垃圾清运采用垂直运输机械完成；垃圾桶应分为可回收利用与不可回收利用两类，定期清运。工程污水和试验室养护用水经处理达标后排入市政污水管道；工地设置大型照明灯具时，有防止强光线外泄的措施。夜间施工噪声声强值应符合国家有关规定。施工现场设置连续、密闭能有效隔绝各类污染的围挡。

（2）节能与能源利用

施工现场办公区、生活区道路采用太阳能路灯；地下室及生活办公区照明全部采用 LED 灯。

施工临时设施采用钢结构集装箱式移动用房，具有自然采光、通风和外窗遮阳设施。

（3）节材与资源利用

现场临建设施、安全防护设施定型化、工具化、标准化，提高材料周转使用率。如定型化钢筋棚、定型化安全通道、定型化电箱防护棚、定型化临边防护栏杆、定型化卸料平台、定型化洞口防护等。

板材、块材等下脚料和撒落混凝土及砂浆科学利用；现场办公用纸应分类摆放，纸张应两面使用，废纸回收。

施工过程中使用废旧模板、木方制作护角条、脚手板、防滑条、移动花坛等，使用废弃钢筋制作马凳、梯子筋等。

（4）节水与水资源利用

施工现场办公区、生活区的生活用水采用节水器具，节水器具配置率应达到 100%。施工现场对生活用水与工程用水分别计量。混凝土养护和砂浆搅拌用水合理，有节水措施。管网和用水器具无渗漏。

施工现场建立基坑降水再利用的收集处理系统，用于冲洗现场机具、设备、车辆用水，并设立循环用水装置。

施工现场有雨水收集利用的设施，收集用水用于喷洒路面、绿化浇灌。

（5）节地与土地资源保护

施工现场布置合理根据不同施工阶段实施动态管理，施工总平面布置紧凑，尽量减少占地。对深基坑施工方案进行优化，减少土方开挖和回填量，保护用地。

临时办公和生活用房采用结构可靠的钢结构集装箱式移动双层用房，减少土地占用。

6 获得的成果

（1）2018 年第一批盐城市建筑施工标准化文明示范工地；

（2）2019 度盐城市优质工程；

（3）2018 年度江苏省建筑施工标准化星级工地；

（4）2019 年度盐城市优秀勘察设计一等奖；

（5）2019 年度盐城市工程建设优秀 QC 成果三等奖；

（6）2020 年度江苏省优质工程奖“扬子杯”。

（甘保翔　梁兵　陈立志）

盐城市城乡建设局文件

盐建建筑〔2018〕51 号

关于公布 2018 年第一批盐城市建筑施工标准化文明示范工地项目名单的通知

各县（市、区）住建局，市各有关单位：

在各建筑施工企业申报和各地建设行政主管部门推荐上报的基础上，我局组织专家组对 2018 年第一批申报的施工工地进行了考核，结合日常监管、考评工作情况，决定表彰中海万锦北园示范区及一标段等 75 个项目为“盐城市建筑施工标准化文明示范工地”，并经公示后，现予以公布。

附件：2018 年第一批盐城市建筑施工标准化文明示范工地公布名单

盐城市城乡建设局

2018 年 7 月 17 日

市城乡建设局办公室　2018 年 7 月 17 日印发

— 1 —

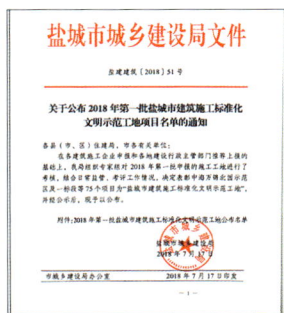

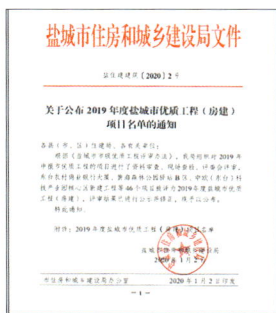

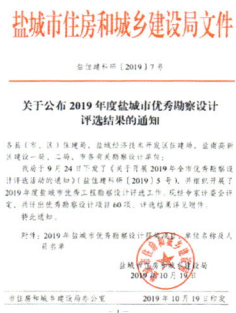

图 33　2018 年第一批盐城市建筑施工标准化文明示范工地（58 项）

盐城市住房和城乡建设局文件

盐住建建筑〔2020〕2 号

关于公布 2019 年度盐城市优质工程（房建）项目名单的通知

各县（市、区）住建局、各有关单位：

根据《盐城市市级优质工程评审办法》，我局组织对 2019 年申报市优质工程的项目进行了资料审查、现场查看、评委会评审，东台农村商业银行大厦、黄海森林公园驿站县区、中欧（东台）科技产业园核心区新建工程等 46 个项目被评为 2019 年度盐城市优质工程（房建），评审结果已进行公示并修正，现予以公布。

特此通知。

附件：2019 年度盐城市优质工程（房建）项目名单

盐城市住房和城乡建设局

2020 年 1 月 2 日

市住房和城乡建设局办公室　2020 年 1 月 2 日印发

— 1 —

图 34　2019 度盐城市优质工程（17 项）

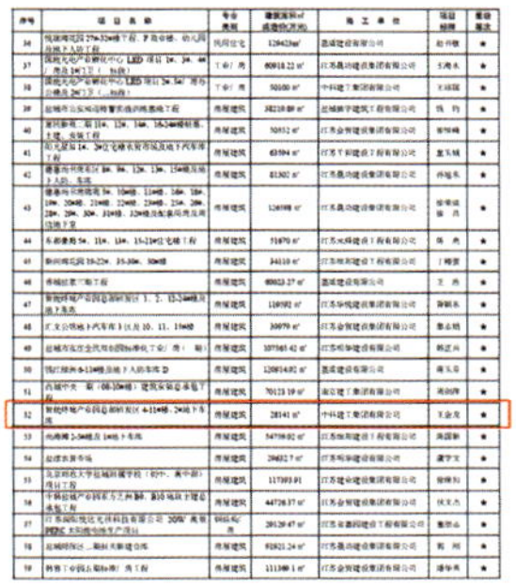

图 35　2018 年度江苏省建筑施工标准化星级工地（52 项）

盐城市住房和城乡建设局文件

盐住建科研〔2019〕7 号

关于公布 2019 年度盐城市优秀勘察设计评选结果的通知

各县（市、区）住建局，盐城经济技术开发区住建局，盐南高新区建设一局、二局，市各有关勘察设计单位：

我局于 9 月 24 日下发了《关于开展 2019 年全市优秀勘察设计评选活动的通知》（盐住建科研〔2019〕5 号），并组织开展了 2019 年度盐城市优秀工程勘察设计评选工作。现经专家评委会评定，共评出优秀勘察设计项目 60 项，评选结果详见附件。

特此通知。

附件：2019 年盐城市优秀勘察设计获奖项目、单位名称及人员名单

盐城市住房和城乡建设局

2019 年 10 月 19 日

市住房和城乡建设局办公室　2019 年 10 月 19 日印发

— 1 —

图 36　2019 年度盐城市优秀勘察设计一等奖

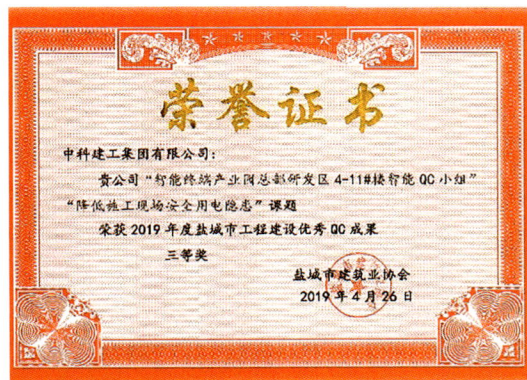

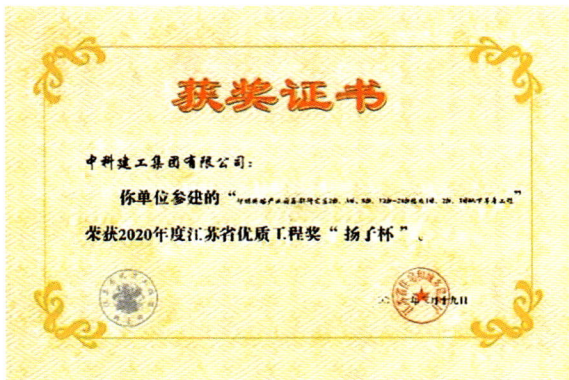

图 37　2019 年度盐城市工程建设优秀 QC 成果三等奖

图 38　2020 年度江苏省优质工程奖“扬子杯”

23. 五彩世界生活广场工程 ——江苏邗建集团有限公司

1 工程概况

五彩世界生活广场工程位于扬州市国展路东侧、京华城路北侧、润扬路西侧。项目集购物中心、商务办公、文体娱乐、餐饮休闲为一体，是全新的城市综合体。广场顶部采用空中花园的布局，遍栽绿植（图 1）。

工程由商业 A、商业 B、办公 A、办公 B、飞碟等组成，总建筑面积 311957m²。框架结构，框剪结构，局部钢结构。地下 4 层，商业为地上 5 层，办公楼为地上 21 层、24 层，建筑高度最高 97.7m，工程造价 10.49 亿元。

地下夹层为非机动车库，地下 1 层为商业、餐饮，地下 2~4 层为汽车库，地上 1~5 层为商业、餐饮、影院，地上 6~24 层为办公。

项目于 2017 年 7 月 18 日开工，2018 年 12 月 21 日竣工，2019 年 4 月 15 日竣工备案并投入使用。

项目由扬州丰盈置业有限公司投资兴建，扬州市建筑设计研究院有限公司设计，江苏省华建建设股份有限公司监理，江苏邗建集团有限公司施工总承包。

2 工程施工的难点

难点 1：1289 根钻孔灌注桩采用后注浆管技术，质量控制难度大（图 2）。

难点 2：工程地下 4 层，开挖深度 20.5m，且基坑紧邻主干道路，深基坑支护施工难度大（图 3）。

难点 3：工程内有多个挑空式中庭，最大挑高 16.7m，空间结构高、空交叉作业量大，施工管控风险大（图 4）。

难度 4：广场顶部采用空中花园的布局，设备基础较多，排布复杂，深化设计难度大（图 5）。

难点 5：石材、玻璃幕墙的表面平整度、垂直度、胶缝饱满度控制难度大（图 6）。

难度 6：飞碟双曲椭圆型造型，尺寸 36.2m×60.6m，桁架结构，安装高度 41.56m，悬挑长度 13m，施工难度大（图 7）。

难度 7：不规则曲面穹顶及采光顶钢结构，施工难度大（图 8）。

图 1 工程外景

图2　难点1

图3　难点2

图4　难点3

图5　难度4

图6　难点5

图7　难度6

图8　难度7

难点8：地下室管道、管线堆叠，碰撞繁多，各专业协调难度大，通过BIM技术进行模拟安装（图9）。

难点9：多专业、多工种交叉作业的总包管理。

图9　难点8

3　新技术应用及科技创新

3.1　十项新技术应用

施工过程中，应用建筑业10项新技术8大项20子项，江苏省推广新技术9大项13子项，取得了良好的社会、经济、环保效益。

3.2　技术创新

可调式剪力墙端部模板固定器，浇筑时调整紧固旋手，紧固模板，解决了剪力墙漏浆、涨模等现象，提高了剪力墙混凝土成型的施工质量（图10）。

预留洞口旋拉紧固式吊模装置，紧固方便，拆模快速，保证预留洞封堵拆模后的混凝土质量（图11）。

钢桁架吊装的工具式临时支撑，工具化的组装形式，安装快捷，重复利用率高；可用于不同高度的临时支撑，适用范围广，适用性强。

3.3 绿色施工

工程开工前，结合工程特点，编制绿色施工方案，制定相应的管理制度和目标，按照"四节一环保"五个要素中控制项进行实施，并建立了相关台账，评价资料齐全。

活动板房、装修精良，环境美化，并设立医务室，为职工提供良好的工作环境。

加强对住宿、膳食、饮用水等生活与环境卫生等管理，明显改善施工人员的生活条件（图12）。

自动喷淋系统，并配合雾炮机相结合的方式，实现了扬尘的有效控制（图13）。

封闭式加工厂，减少噪声。现场设噪声监测点，实施动态监测，噪声控制效果好（图14）。

工具式安全通道、工具式大门、工具式操作棚、工具式防护，一次投入多次重复利用；有效利用建筑余料；达到节约材料的目的（图15）。

4 工程创优管理

4.1 质量目标

工程建设伊始根据施工合同及企业创精品工程的要求，项目部确定了创江苏省"扬子杯"优质工程的质量目标。

4.2 施工管理措施

工程在开工初期，进行质量目标宣贯，坚持策划先行，实施全员、全过程、全方位的质量管理，并在施工过程中严格执行，确保工程质量始终处于受控状态（图16）。

图10 技术创新1

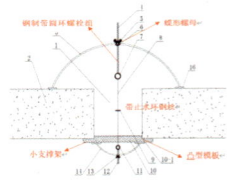

图11 技术创新2

图12 绿色施工1

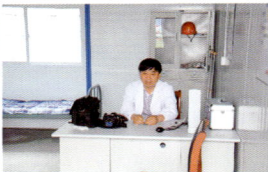

图13 绿色施工2

图14 绿色施工3

图15 绿色施工4

图 16　质量目标宣贯

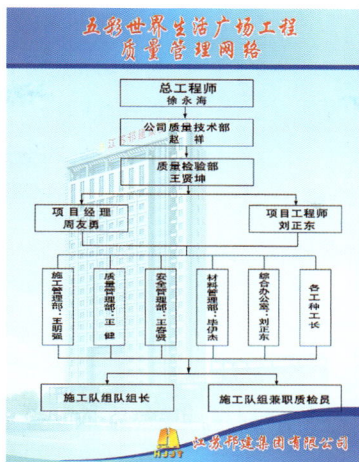

图 17　质量管理网络

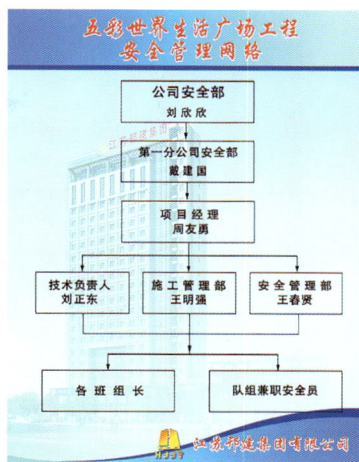

图 18　安全管理网络

以总工程师为首，各部门参与、项目相关人员参加的创精品工程领导小组，着重进行创精品工程的策划，技术攻关和现场实施验证，成功解决了施工过程中的难题。质量管理网络见图17，安全管理网络见图18。

通过目标分解、层层落实、严格把控，使质量管理贯穿工程建设的各个阶段，确保策划中的亮点得以实现（图19）。

对工程的关键工序、特殊过程，编制专项施工方案，对作业班组进行可视化交底，坚持实行"三检制"，对每道工序认真做好自检、专检、交接检的工作，确保过程受控（图20、图21）。

推行质量样板引路制度，建立样板集中展示区，将工程中涉及的工艺、节点、构造通过实物展示；以点带面、统一标准、统一工艺，为大面积施工提供验收依据（图22）。

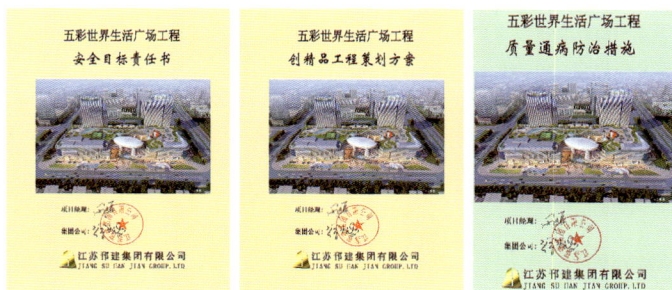

图 19　质量管理

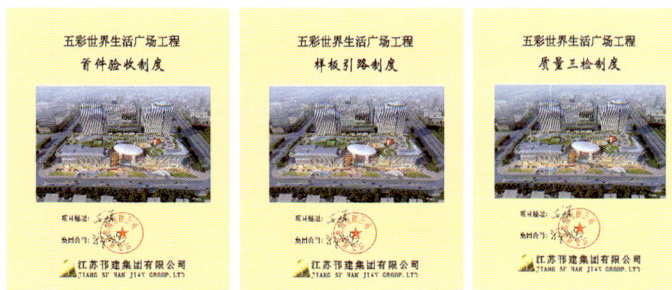

图 20　专项施工方案

图 21　过程受控

图 22　质量样板

项目部根据本工程具体情况，结合《建筑工程细部质量控制标准》，制定了不同阶段的针对性细部质量保证措施（图 23）。

图 23　细部质量保证

4.3　新技术 BIM 的应用

利用 BIM 对整个施工现场布置进行 3D 模拟，实现可视化。并对塔吊运行空间进行分析，实现动态布置，使平面布置更加合理化、规范化（图 24）。

图 24　3D 模拟

对墙体、室内装饰等施工难点，进行排版建模，做到科学利用、合理布置，实现可视化交底。

利用 BIM 技术对钢构件详图、梁柱节点连接方式等进行深化设计，通过 BIM 建筑模型进行钢构件试拼装和碰撞检查，避免不必要的返工（图 25）。

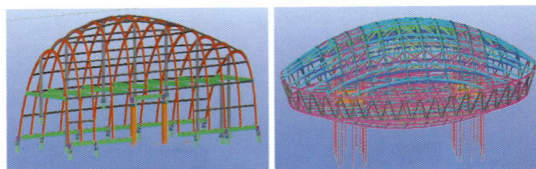

（a）塔楼屋顶穹顶　　　（b）飞碟三维图

图 25　BIM 建筑模型

在建模过程中加载建造过程、施工工艺等信息，进行施工过程的可视化模拟，对施工方案进行分析和优化，确保工程质量及施工安全（图 26）。

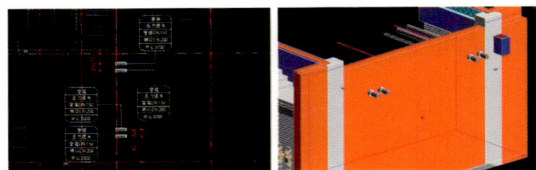

图 26　可视化模拟

根据管线剖面图分析各个区域的净高，对净高过低的部位，提前优化管线排布方案（图 27）。

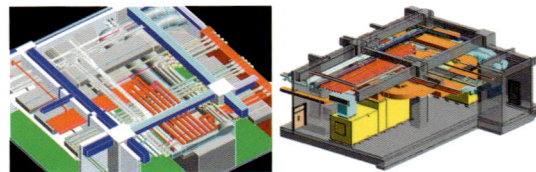

图 27　管线排布

4.4　智慧化工地的建设

用创新技术打造"标准化管理""数字化工地"，实现智慧化工地，提升安全文明标准化施工水平。①运用 VR 安全体验馆进行虚拟仿真漫游，提升作业人员的安全防范意识。②以实名制劳务管理平台为基础，通过刷卡、

"人脸识别"智能门禁系统，实时获取现场人员进出信息，自动统计分析，实现人员动态管理。

5 工程实体质量情况

5.1 地基与基础

1289 根钻孔灌注桩，经检测均符合设计要求。低应变受检 761 根，其中 I 类桩占 100%，无 III 类桩（图 28）。

25 个沉降观测点，共观测 15 次，累计沉降最大 9.8mm，最后 100 天最大沉降速率值为 0.003mm/d，沉降已稳定。

24358m² 地下室卷材复试检测均合格，使用至今无渗漏（图 29）。

5.2 主体结构

混凝土结构表面平整、截面尺寸正确、棱角方正。砌体表面平整，砂浆饱满，灰缝平直，实测偏差满足规范要求（图 30）。

钢结构构件安装、焊接、高强螺栓、防腐涂装等质量符合规范要求。实体检测合格率 100%（图 31）。

5.3 建筑装饰装修

玻璃幕墙、石材幕墙、安装牢固，表面平整，色系一致，缝隙均匀，胶缝饱满、边角清晰、排版美观、无渗漏（图 32）。

地砖面层粘贴牢固、铺贴平整、缝隙均匀，踢脚线表面洁净，与柱、墙面的结合牢固（图 33）。

地下室环氧地坪平整光洁、色泽均匀、细部美观、无空鼓裂缝（图 34）。

涂料墙面阴阳角顺直，涂刷均匀、无涂刷刷纹、无污染、无开裂现象；顶棚平整，线角通顺（图 35）。

石材墙面铺贴平整，缝隙均匀，安装牢固（图 36）。

图 28 地基与基础

图 29 地下室卷材复试检测

图 30 混凝土结构

图 31 钢结构构件

图 32 幕墙

图 33 地砖面层

图 34　地下室环氧地坪

图 35　墙面阴阳角

图 36　石材墙面

图 37　卫生间墙、地砖

卫生间墙、地砖对缝整齐，卫生间洁具排布整齐，居中对缝。地漏套割准确，平整牢固（图 37）。

纸面石膏板、铝方板、吊顶安装牢固、表面洁净、色泽一致，无翘曲裂缝（图 38）。

楼梯踏步铺贴平整，高度一致，相邻踏步尺寸一致，滴水线分色清晰、顺直，楼梯栏杆安装牢固（图 39）。

5.4　屋面工程

屋面细石混凝土面层，表面平整、压实抹光，无裂缝、起壳、起砂缺陷。分格缝的位置和间距美观、准确（图 40）。

5.5　建筑给水、排水及供暖

地下室成排管线，进行管线综合平衡；综合支吊架设计与制作，形式、朝向统一；管道通水、灌水、通球试验合格（图 41）。

消防泵房设备排列整齐、安装牢固，管道、阀门、仪表成排成线，高度统一，固定牢固，支架布置合理、错落有序（图 42）。

5.6　通风与空调

多联机气、液管上下分层布置；管线顺直、支吊架固定方式独特，运维检修方便。气、液管吊卡处 PVC 短管衬垫处理，管线保温表面受力均匀，整齐美观（图 43）。

图 38　吊顶

图 39　楼梯

图 40　屋面效果

图 41　管道

图 42　消防泵房

图 43　多联机气、液管

冷冻机房综合布局合理、水泵阀门等排列整齐、安装高度统一、操作方便、标识清晰。水泵竖向管道阀组采用落地式支架固定，支架结构独特、承力支点设置合理，稳定牢固（图 44）。

5.7　建筑电气

配电箱（柜）安装牢固，位置正确，重复接地合理；箱（柜）内布线顺直，桩头连接采用爪形垫片，实用美观。电线分色正确，二次线路图清晰。接地电阻测试合格（图 45）。

5.8　智能建筑

各智能化系统配置符合图纸设计要求，信号准确，联动良好，运行稳定（图 46）。

5.9　电梯工程

电梯安装牢固，运行平稳，平层准确，经特种设备检测中心检测及年检合格（图 47）。

5.10　建筑节能

室内空气质量检测合格；围护结构节能构造现场实体检验结果符合设计要求；幕墙现场实体检测合格；分项工程全部合格；质量控制资料完整；满足设计要求。

6　工程技术资料情况

工程共包含 10 个分部，58 个子分部，4765 个检验批、一次通过验收。资料三级目录齐全，分类及编目清晰、完整、真实有效，具有可追溯性。

7　工程获奖

工程目前获得度扬州市"琼花杯"优质工程、江苏"扬子杯"优质工程、江苏省标准化星级工地、江苏省十项新技术示范工程、江苏省 QC 成果三等奖、扬州市优秀设计、第四十届第二批中国钢结构金奖。工程建设

图 44　冷冻机房

图 45　配电箱（柜）

图 46　智能化系统

图 47　电梯

图 48　获奖证书

施工期间未发生任何质量安全事故，无拖欠进城务工人员工资等不良行为，市场行为规范（图 48）。

五彩世界生活广场融入新加坡"花园城市"理念，构造了集购物、餐饮、酒店、娱乐、休闲等多种业态为一体的花园式全生活广场，对繁荣明月湖商圈，提升城市气质和品位，辐射带动相关产业发展，创造增加社会就业岗位，起到了积极的促进作用。

（赵祥　王贤坤　张跃）

24. 扬州市游泳健身中心 ——江苏扬建集团有限公司

1 工程概况

扬州市游泳健身中心工程为扬州市政府重点工程，是 2018 年江苏省运会游泳比赛场所。工程位于扬州市瘦西湖路东侧，老虎山路北侧，西邻宋夹城，南望文昌阁，北靠古邗沟，是目前省内功能最全，覆盖人群最广的游泳场馆。该工程包括游泳馆和综合馆两大区域，游泳馆设有游泳训练池、老年泳池、比赛池、少儿戏水池、VIP 池；综合训练馆可满足健身、羽毛球、篮球、乒乓球等多种体育运动项目需求（图 1、图 2）。

工程地上三层，地下一层，项目总投资 21147.2 万元，总建筑面积 41528.27m²，地下室分为三大部分：机动车库、非机动车库、设备机房；A 区综合训练馆、B 区游泳中心以及中间入口门厅下部结构为钢筋混凝土框架结构，屋面为片式管桁架钢结构金属屋面，采用铝镁锰直立锁边屋面系统，框架抗震等级均为二级。建筑为坡屋顶，西侧檐口高度为 12.3~15.3m，东侧檐口高度为 12.3~17.5m，屋脊高度为 20m。

工程由扬州市体育局投资建设，江苏省建筑设计研究院有限公司设计，扬州市建苑工程监理有限责任公司监理，江苏扬建集团有限公司施工总承包。工程于 2016 年 4 月 18 日开工，2017 年 9 月 29 日竣工验收。

2 工程施工特点难点

（1）工程工期紧（距省运会开幕仅 1 年多），专业多，包含桩基础、基坑支护、基坑降水、钢结构、预应力结构、内外装饰、水电安装等，总包协调管理难度大。

（2）工程质量目标为："扬子杯"。施工以"过程精品"创"精品工程"。

（3）工程主要使用功能为游泳池，解决混凝土自防水、卷材防水及游泳池安装调试等十分重要，同时按照规定必须做构筑物满水试验。

（4）屋面全部采用钢结构屋架，钢结构屋架跨度较大，现场场地有限，工期紧，由于现场道路条件所限，屋架重，吊装难度大，做好钢结构制作及吊装方案，保证钢结构施工安全

图 1 项目照片 1

图 2 项目照片 2

高效完成。

（5）A 区中庭部位及 B 区主体结构设置型钢混凝土柱，其钢结构连接形式较多，模板加固要求高，梁柱节点处钢筋连接施工复杂，钢骨构件对混凝土浇筑影响大，须重点保证混凝土浇筑密实度。

（6）A 区二层楼面设置有后张法有粘结预应力大梁，B 区三层游泳池部位设置有后张法有粘结预应力和无粘结预应力大梁，各专业配合施工确保其施工质量是重点。

3 技术创新情况

（1）应用住房和城乡建设部（2017 版）10 项新技术 7 大项，21 小项。

（2）应用江苏省推广应用的建筑业新技术（2018 版）6 大项，10 个小项。

（3）应用了中装协建筑装饰行业重点推广的 10 项新技术 8 大项。

（4）工程自主创新技术 3 项，授权专利 1 项，省级工法 2 项，QC 成果奖 3 项。

4 工程质量情况

4.1 地基与基础

（1）工程占地面积大、场地高差较大，工程的测量放线应用了省级"电子图与全站仪、GPS 数据无缝链接放线施工工法"，以及全站仪与电脑 AutoCAD 联合测量放线，解决了工程占地面积大和高差较大等难题。

（2）工程基础采用 702 根钻孔灌注桩，其中 ZH-A、ZH-C 桩径 500mm 的 403 根，单桩竖向抗压承载力特征值 1650kN；ZH-B 桩径 500mm 的 299 根，单桩竖向抗压承载力特征值 1650kN，单桩竖向抗拔承载力特征值 1000kN。单桩抗压静载荷试验 8 根；单桩抗拔静载荷试验 3 根；低应变共检测 351 根桩，其中 Ⅰ 类桩 338 根，Ⅱ 类桩 13 根，Ⅰ 类桩占 96.3%，无 Ⅲ 类桩。

（3）工程场地为原厂房拆迁地，地下存在大量原厂房基础、设备基础等障碍，且埋深较深，对桩基础与围护桩施工带来了极大困难。由于工期较紧，采用了"边开挖边破除边回填边施工"四同时进行的方案，保证了施工的连续性、及时性、有效性。

4.2 主体结构

（1）钢筋采用 HPB300、HRB400 热轧钢筋，底板厚 600mm。辅助构件（圈梁、过梁、构造柱）混凝土强度等级为 C25。承台、底板及侧壁（包括泳池）混凝土强度等级均为 C35。抗渗等级 P6，地下室部分采用防水混凝土（补偿收缩混凝土）。A 区综合训练馆和 A、B 区之间的门厅框架梁、板、柱混凝土强度等级均为 C40。B 区游泳馆基顶 ~ 9.25m 框架柱混凝土为 C45。

（2）A 区二层框架梁、B 区游泳池底部三层框架梁采用预应力混凝土梁。该构件混凝土强度达到设计强度的 80%，开始张拉作业。由于对框架梁施加预应力，所以其抗裂性好，刚度大，增加了结构的耐久性，且节省钢材和混凝土，降低结构自重，减小混凝土梁的竖向剪力和主拉应力。

（3）A 区人防地下室顶板厚度达到 300mm、400mm、450mm；B 区少儿戏水池、比赛池等模架搭设高度超过 8m（达到 10.5m）；部分楼面梁截面面积达到 0.45m²，属于超过一定规模的危险性较大的分部分项工程，为确保支撑体系安全，施工前编制了专项施工方案，对模架进行深化设计及验算，并经过专家论证后再进行施工。

（4）A 区地下室墙板与 B 区管廊底板相连接，而 A 区地下室底板与 B 区管廊底板基础埋深不同。A区基础底板深度为 −7.20m，B区管廊底板深度 −3.20m。

（5）A区地下室部分钢 − 混凝土组合结构柱内钢材密集，800 × 800 的柱子中，型钢和 ϕ32、ϕ28 钢筋密集排布，角部 2ϕ32 并筋。采用在底板钢筋上焊接定位箍筋的方法固定，型钢腹板精确钻孔穿过拉结筋。钢筋、型钢精确定位和吊直后，用 ϕ12 钢筋斜撑将型钢、钢筋焊成一个刚性整体，保证其不因外力移位。

4.3 建筑装饰装修

（1）建筑幕墙为断桥隔热拉栓式全明框玻璃幕墙系统、铝板幕墙系统、石材幕墙系统、铝合金百叶系统等组合而成。玻璃采用 Low-E 中空均质钢化玻璃，铝型材室内外可视表面均为氟碳喷涂处理；铝板采用 3mm 厚单层铝板，石材采用厚度为 30mm 的白麻花岗石板材。铝合金防雨百叶片采用铝型材边框，铝合金型材表面氟碳喷涂处理。建筑幕墙板块排布合理、比例协调，满足建筑设计意图（图3、图4）。

（2）错缝排列石材尺寸准确、接缝平顺、安装牢固，表面无明显色差、无二次切割和打磨现象，观感极佳。

（3）倾斜弧形幕墙整个曲面平顺圆滑，斜面拼缝处的棱角处理到位，每道立柱错落有致，整个建筑物具有更好的立体层次感（图5）。

（4）大堂入口是倾斜式玻璃幕墙及白色铝板包的柱与梁，顶面为咖啡色铝板格栅，墙面为黄色系新诺米黄石材干挂，地面满铺西班牙米黄石材。整个室内空间设计结合建筑设计要素，形式统一、雅致、舒适（图6）。

（5）健身区域设计风格以工业风为主。整个区域地面满铺 PVC 运动地板，顶面为黑色乳胶漆及局部钢网造型。墙面为大面积的落地玻璃隔断，增强了空间的质感（图7）。

（6）泳池池内地面为蓝色泳池砖，墙面为新诺米黄石材及局部透光云石干挂，顶面为金色铝单板吊顶，色调一致，色彩柔和（图8、图9）。

（7）综合训练馆地面满铺实木运动地板，运动地板上方铺 PVC 运动地板卷材，墙面为白色穿孔铝单板装饰配橙色铝单板点缀，顶面为原建筑网架结构，氛围充满活力感（图10）。

（8）少儿戏水池池内地面为蓝白相间的

图3　幕墙效果1

图4　幕墙效果2

图5　曲面效果

图6　大堂

图7　健身区

图8　游泳池1

图9 游泳池2

图10 综合训练馆

图11 少儿戏水池

图12 更衣室1

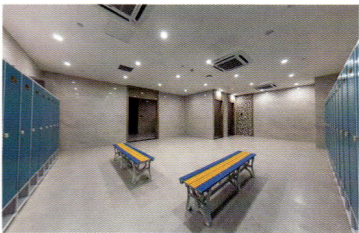

图13 更衣室2

图14 屋面1

马赛克，墙面为绿色铝单板装饰，顶面为原建筑网架结构配以圆形吊顶，更适合儿童（图11）。

（9）更衣室顶面采用防潮纸面石膏板白色乳胶漆吊顶，墙面大面积的是墙面砖粘贴，局部搭配蓝色及深褐色马赛克贴面，色彩丰富（图12、图13）。

4.4 建筑屋面

金属屋面18650m²，采用了成熟的"暗扣式直立锁边屋面系统"技术，整幅双坡屋面由若干单板组成，搁置在屋顶的稀铺檩条上。屋面上放置100mm保温岩棉板，解决了屋面的隔声、防寒和保温问题。保温棉铺设后安装直立锁边系统屋面。运用了省级"大面积复杂建筑造型金属屋面施工工法"和实用新型专利。铝锰镁合金板金属屋面系统集循环通风、隔热保温、自重轻、防水效果好、结构防水构造独特、流水顺畅、美观为一体。整个屋面瓦通长贯穿、无接头，压瓦机施工现场压瓦，屋面瓦整体成型效果好，无一渗透（图14、图15）。

4.5 建筑给水排水及供暖

（1）设备布置合理，排列整齐，接线规范，接地牢靠，标识齐全，保温严密（图16、图17）。

（2）水处理设备机房精选策划，布局合理（图18、图19）。

（3）泵房内设备、管道、配件、阀门安装排列整齐有序，布置流畅，安装位置合理，标识醒目，便于操作维护（图20、图21）。

图15 屋面2

图16 空调设备1

图17 空调设备2

图 18　水泵房 1

图 19　水泵房 2

图 20　水泵房 3

图 21　水泵房 4

图 22　穿墙封堵

图 23　空调机组 1

（4）管道穿墙防火封堵严密、规范、美观（图 22）。

4.6　通风与空调

（1）室外空调机组安装固定牢固，排列整齐，运行平稳，保温严密（图 23~ 图 26）。

（2）施工前利用 BIM 技术，调整各类管道的标高及走向，综合布局、合理选型，使整个安装工程整齐有序、布局美观。在施工过程中，项目部技术人员每天进行现场交底与跟踪检查，确保技术措施的实现（图 27、图 28）。

4.7　建筑电气

（1）配电箱柜安装接线整齐，标识齐全；配电房整体布置整齐合理（图 29）。

（2）吊顶平面灯具、风口、喷淋头、烟感、温感、广播等设备布局合理，规范整齐，达到纵横成行，极具视觉效果（图 30）。

4.8　智能化

火灾自动报警动作灵敏可靠，监控、信息系统信号通畅，运行稳定（图 31）。

4.9　建筑节能

（1）空气源热泵又称热泵热水器，由热泵吸收空气热源制取热水，节能效率是电热水器的 4 倍以上，比太阳能热水器还要节能，是目前世界上最为先进的节能环保热水系统（图 32）。

（2）玻镁复合风管板材是一种新型的高科技复合板材，具有无毒、无味、不燃、不爆、保温、隔热及良好的二次加工性能和施工方便

图 24　空调机组 2

图 25　风管 1

图 26　风管 2

图 27　BIM 管线实拍

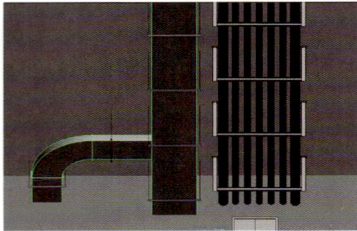

图 28　BIM 管线效果图

图 29　配电箱柜

图 30　吊顶设备

图 31　监控室

图 32　空气源热泵

等特点，是新一代的节能、环保型绿色产品（图33）。

（3）三集一体热泵是指具有：泳池水热水、泳池室空气除湿、室内空调三样功能集一体的热泵，并且采用的冷却剂为环保冷媒，环保冷媒是一种不可燃、高效节能、绿色环保型制冷剂（图34）。

（4）为降低泳池运营成本，本工程设计安装了池水热回收装置，将泳池水的热量再回收进行二次循环利用。

（5）采用低噪声的工艺和施工方法，严格控制强噪声作业，最大限度地减少噪声扰民。

（6）采用风柜、水泵、排风机、空调通风机组等设备均采用低噪声产品，并通过使用隔振支座基础、管道软接头等措施进一步降低设备运行噪声。

（7）采用有效的水处理措施及设备，循环利用泳池水资源（图35、图36）。

（8）游泳健身中心大厅灯具选择美观大方，整体搭配协调；篮球馆顶棚消防、空调管道安装合理，固定牢靠（图37、图38）。

5　综合效果及获奖情况

5.1　获奖情况

（1）获江苏省优质工程奖"扬子杯"；

（2）获南京市优秀建筑工程设计"一等奖"；

图 33　玻镁复合风管板材

图 34　三集一体热泵

图 35　水处理设备机房

图 36 水处理设备机房

图 37 大厅灯具

图 38 篮球馆顶棚

（3）获中国建筑工程装饰奖；

（4）获中国钢结构金奖；

（5）江苏省新技术应用示范工程；

（6）获江苏省建筑施工标准化文明示范工地；

（7）获中施协 QC 工程建设优秀质量管理小组二等奖；

（8）获扬州市"琼花杯"优质工程奖；

（9）获扬州市市级优质结构工程。

5.2　综合效益

工程自竣工交付以来，基础与主体结构安全稳定可靠，室内外装饰装修质量优，外墙立面效果佳，各项使用功能及系统运行状态良好，满足了各项使用功能要求，成为扬州市体育新地标，为扬州市民提供了游泳健身的场所，也为扬州游泳运动事业提供更强劲的支撑。

（王跃康　苏星宇　吴文伟）